加工プロセスシミュレーションシリーズ　2

静的解法FEM - **バルク加工**

日本塑性加工学会　編

コロナ社

執筆者一覧 (執筆順)

	所　属	担当箇所
森　　謙一郎	豊橋技術科学大学	1章, 2章, 7章, 11～15章
岡田　達夫	理化学研究所	3章, 4章
豊島　史郎	(株)コベルコ科研	5章
湯川　伸樹	名古屋大学	6章, 9章, 10章
石川　孝司	名古屋大学	8章

(所属は編集当時)

まえがき

　最近ディジタルエンジニアリングという言葉がよく使われるようになってきた。ディジタルエンジニアリングは，製品設計から生産までの活動をコンピュータを使ってディジタル化し，リードタイムの短縮を図って生産性を向上させるものである。ディジタルエンジニアリングの中心技術には，CAD/CAEがある。CAEはコンピュータシミュレーションによって実際に起こっている各種の現象を計算機内で再現し，設計・開発に必要な情報を得るものである。最近のコンピュータハードウェアの進歩は目覚ましいものがあり，それに伴ってソフトウェアの機能も向上してきており，シミュレーション技術を実加工で使用できる環境が整ってきた。バルク加工の工程設計は従来技術者の経験と試行錯誤実験に基づいて行われてきたが，試行錯誤実験がコンピュータシミュレーションに置き換わりつつある。

　有限要素法はバルク加工のシミュレーション法として一般的に使用されるようになってきた。本書において計算例が示されているが，鍛造，押出し，引抜き，圧延などのバルク加工が有限要素法でシミュレートされている。バルク加工では，素材は大きな塑性変形を受け，形状が変形中に変わるため，大きな塑性変形を追随できる能力がシミュレーション法に要求される。有限要素法は非常に多くの自由度を有しており，精度の高い結果を得ることができる。各種の問題に対して，コンピュータの負荷は要素数に応じて増加するが，同じ計算プログラムを利用できるため人的な負担が増加しないことが，コンピュータの発達に伴って有限要素法の普及を大きく加速している。

　バルク加工の有限要素法では，基礎理論が確立して市販ソフトウェアの能力も高まり，実加工への適用が盛んになり，バルク加工の工程設計におけるかなりの部分がコンピュータによって行えるようになってきた。有限要素法は高い

精度の計算結果を得ることができる方法であるが，計算結果が材料特性，境界条件，計算条件などに大きく影響される。また，バルク加工の塑性力学は弾性力学のような確立されたものではなく，多くの仮定や近似を含んでおり，計算結果はこれらの影響を受けている。シミュレーションは，実際の現象を再現するものであるが，あくまで計算機上のモデルであって，実際の現象を忠実に再現していないかもしれないことをつねに認識する必要がある。有限要素法の使用者には，最適な条件を与える能力と得られた計算結果を正確に判断する能力が要求され，本書が能力開発の助けになることを願っている。本書は有限要素法の定式化からバルク加工の計算結果までを総合的に解説し，有限要素法を勉強する大学院生，有限要素法を使用する技術者を対象としている。本書がバルク加工シミュレーション技術の発展に寄与することを望んでいる。

　本書は，日本塑性加工学会シミュレーション統合システム分科会のメンバーを中心として，専門分野の先生方に執筆していただいた。執筆者の方々に謝意を表す。また，出版の企画をされた出版事業委員会，ならびに出版のお世話になったコロナ社にお礼を述べる。

2003年9月

著者代表　森　謙一郎

目　　次

1．バルク加工シミュレーションの概要

1.1　バルク加工の解析法 ………………………………………………… 1
1.2　FEM の歴史 …………………………………………………………… 3
1.3　FEM の特徴 …………………………………………………………… 4
1.4　シミュレーションシステム …………………………………………… 5

2．剛塑性有限要素法の定式化

2.1　剛塑性構成式 ………………………………………………………… 8
　2.1.1　応力とひずみ …………………………………………………… 8
　2.1.2　降伏条件 ………………………………………………………… 10
　2.1.3　応力-ひずみ速度関係式 ………………………………………… 11
　2.1.4　塑性ポテンシャル ……………………………………………… 12
2.2　節点力による定式化 ………………………………………………… 13
　2.2.1　節点力 …………………………………………………………… 13
　2.2.2　ラグランジュ乗数法 …………………………………………… 15
　2.2.3　圧縮特性法 ……………………………………………………… 16
2.3　汎関数の最小化による定式化 ……………………………………… 19
　2.3.1　汎関数の最小化 ………………………………………………… 19
　2.3.2　ラグランジュ乗数法 …………………………………………… 20
　2.3.3　圧縮特性法 ……………………………………………………… 21
　2.3.4　ペナルティ法 …………………………………………………… 21
2.4　計算上の問題点の解決法 …………………………………………… 22
　2.4.1　摩擦境界条件の処理 …………………………………………… 22

  2.4.2　非変形域の処理……………………………………………………………24
  2.4.3　収束の判定条件………………………………………………………………25
2.5　特殊な解析法……………………………………………………………………26
  2.5.1　近似三次元解析法……………………………………………………………26
  2.5.2　大規模三次元解析法…………………………………………………………27

3.　弾塑性有限要素法の定式化

3.1　弾塑性構成式……………………………………………………………………31
  3.1.1　微小変形と有限変形…………………………………………………………31
  3.1.2　速度こう配，ストレッチングおよびスピン………………………………32
  3.1.3　応　　　力……………………………………………………………………34
  3.1.4　客観性のある応力速度………………………………………………………35
  3.1.5　応力速度-ひずみ速度関係式…………………………………………………37
  3.1.6　静的陽解法と静的陰解法……………………………………………………40
3.2　静的陽解法………………………………………………………………………41
  3.2.1　updated Lagrange 形式の速度形仮想仕事の原理……………………………41
  3.2.2　r-min　　　法…………………………………………………………………44
3.3　静的陰解法………………………………………………………………………49
  3.3.1　静的陽解法と静的陰解法の相違……………………………………………49
  3.3.2　非線形剛性方程式の解法……………………………………………………50
  3.3.3　応　力　積　分………………………………………………………………52

4.　接触・摩擦の取扱い

4.1　概　　　　　要…………………………………………………………………55
4.2　工具の形状表現…………………………………………………………………55
4.3　接　触　処　理…………………………………………………………………56
  4.3.1　接触・離脱判定………………………………………………………………56
  4.3.2　剛性方程式への導入方法……………………………………………………57
4.4　摩擦の取扱い……………………………………………………………………60
  4.4.1　摩擦の力学モデル……………………………………………………………60

4.4.2　剛性方程式への導入方法 …………………………………… *62*

5.　定常変形における流線法の定式化

5.1　流線法の概要 ……………………………………………………… *67*
5.2　流　線　積　分 ……………………………………………………… *68*
5.3　二　次　元　問　題 ………………………………………………… *70*
　5.3.1　流線の条件 ……………………………………………………… *70*
　5.3.2　数値積分の方法 ………………………………………………… *71*
5.4　三　次　元　問　題 ………………………………………………… *72*
　5.4.1　流線面からの流出流量 ………………………………………… *72*
　5.4.2　流出流量による非圧縮性条件の取扱い …………………… *74*
　5.4.3　例　　　　題 …………………………………………………… *75*

6.　要素分割・再分割

6.1　有限要素シミュレーションにおける要素分割 ……………… *78*
6.2　要　素　生　成　法 ………………………………………………… *79*
　6.2.1　ストラクチャードメッシュとアンストラクチャードメッシュ …… *79*
　6.2.2　グリッドマッピング法 ………………………………………… *80*
　6.2.3　四分木法・八分木法 …………………………………………… *82*
　6.2.4　アドバンシングフロント法（逐次法） ……………………… *83*
　6.2.5　Delauney　法 …………………………………………………… *84*
　6.2.6　四角形要素・六面体要素の生成 ……………………………… *86*
6.3　リメッシング ……………………………………………………… *88*
　6.3.1　ラグランジュ型記述とオイラー型記述 ……………………… *38*
　6.3.2　アダプティブリメッシング法 ………………………………… *92*

7.　熱伝導有限要素法

7.1　熱伝導の微分方程式および境界条件 ………………………… *99*
7.2　差　　　分　　　法 ………………………………………………… *101*
7.3　熱伝導有限要素法 ………………………………………………… *102*

8. 材質予測

8.1 概　　　　要 …………………………………………………………… 105
8.2 材質予測と組織制御 …………………………………………………… 106
8.3 熱間鍛造における材質予測式 ………………………………………… 107
   8.3.1 動的再結晶 ………………………………………………………… 109
   8.3.2 静的再結晶 ………………………………………………………… 110
   8.3.3 粒　成　長 ………………………………………………………… 110
   8.3.4 変　　　態 ………………………………………………………… 111
   8.3.5 計　算　手　順 …………………………………………………… 111
8.4 制御鍛造のシミュレーション例 ……………………………………… 112

9. 延性破壊予測

9.1 概　　　　要 …………………………………………………………… 119
9.2 延性破壊条件 …………………………………………………………… 119
   9.2.1 ボイドの成長・合体条件 ………………………………………… 120
   9.2.2 ボイド理論に基づく巨視的な破壊条件式 ……………………… 121
   9.2.3 ボイドの影響を考慮した構成式による方法 …………………… 122
9.3 破壊パラメータの決定法 ……………………………………………… 124
9.4 破壊発生後のき裂の取扱い …………………………………………… 126
9.5 シミュレーション例 …………………………………………………… 129
   9.5.1 つば出し鍛造における割れ発生予測 …………………………… 129
   9.5.2 多段押出しにおける内部割れ予測 ……………………………… 130
   9.5.3 多段引抜きにおけるシェブロンクラック形成のシミュレーション …… 131
   9.5.4 せん断加工のシミュレーション ………………………………… 131

10. 鍛造加工のシミュレーション

10.1 概　　　　要 ………………………………………………………… 134
10.2 鍛造加工のモデル化 ………………………………………………… 135

10.2.1　初等解析法·· 135
　10.2.2　有限要素法による非定常変形解析······································ 138
10.3　鍛造の解析例··· 139
10.4　欠陥発生の予測·· 141
　10.4.1　引け, 巻込み, 欠肉··· 141
　10.4.2　塑性座屈·· 143
10.5　温度との連成解析··· 143
10.6　冷間鍛造品の寸法変化予測·· 145

11.　押出し・引抜き加工のシミュレーション

11.1　概　　　　要··· 148
11.2　押出し加工·· 148
　11.2.1　定常押出し·· 148
　11.2.2　非定常押出し··· 149
　11.2.3　後方押出し·· 150
　11.2.4　形材の押出し··· 152
　11.2.5　内部割れ予測··· 153
　11.2.6　半溶融押出し··· 153
11.3　引抜き加工·· 154
　11.3.1　線材の引抜き··· 154
　11.3.2　管材の引抜き··· 155

12.　圧延加工のシミュレーション

12.1　概　　　　要··· 156
12.2　平面ひずみ圧延··· 156
12.3　板　材　圧　延·· 158
12.4　棒材・形材の孔型圧延··· 159
12.5　管　材　圧　延·· 161
12.6　ロールの弾性変形·· 162

12.7 リングローリング加工 ································· 163
12.8 ストリップキャスティング ·························· 164

13. 粉末成形のシミュレーション

13.1 粉末成形の解析法 ································· 166
   13.1.1 圧粉成形,焼結金属の塑性加工 ············· 166
   13.1.2 焼　　　結 ································· 167
13.2 圧　粉　成　形 ································· 169
   13.2.1 多段圧粉成形 ································· 169
   13.2.2 静水圧成形 ··································· 170
13.3 焼結金属の加工 ··································· 171
13.4 セラミックス材の焼結 ···························· 172
   13.4.1 焼結収縮 ····································· 172
   13.4.2 ネットシェイプ成形 ························ 174
   13.4.3 焼結割れ発生の予測 ························ 176
13.5 金属粉末射出成形 ································· 177
   13.5.1 射出成形 ····································· 177
   13.5.2 焼結収縮 ····································· 178
13.6 微視的解析 ··· 180
   13.6.1 圧粉成形の粒子系有限要素法 ················ 180
   13.6.2 焼結の微視的解析法 ························ 181

14. 材料特性の測定

14.1 変　形　抵　抗 ································· 182
   14.1.1 変形抵抗曲線 ································· 182
   14.1.2 引張試験 ····································· 184
   14.1.3 均一圧縮試験 ································· 184
14.2 摩　擦　係　数 ································· 187
   14.2.1 直接測定 ····································· 187
   14.2.2 リング圧縮試験 ······························ 187

15. 軸対称鍛造加工のプログラミング

- 15.1 プログラムの使用 …………………………………………………… *190*
- 15.2 剛塑性 FEM における軸対称変形の定式化 ………………………… *190*
  - 15.2.1 4節点アイソパラメトリック四角形要素 ……………………… *190*
  - 15.2.2 汎関数の数値積分 ……………………………………………… *193*
  - 15.2.3 汎関数の最小化 ………………………………………………… *195*
  - 15.2.4 初期速度場 ……………………………………………………… *197*
- 15.3 軸対称鍛造プログラムの説明 ………………………………………… *197*
  - 15.3.1 フローチャート ………………………………………………… *197*
  - 15.3.2 変数の説明 ……………………………………………………… *199*
  - 15.3.3 入出力ファイルと入力データ ………………………………… *201*

参 考 文 献 ……………………………………………………………………… *204*

索　　　引 ……………………………………………………………………… *217*

CD-ROM 使用上の注意点

付録 CD-ROM には，15 章"軸対称鍛造加工のプログラミング"に使われるプログラムのソースコードが収録されています。

読者はこのソースコードを読んでプログラムの構造を理解することができ，またこれをコンパイルすることによって，限られた条件での鍛造加工の変形挙動をシミュレーションすることができます。

そのほか，この CD-ROM には，本文に関連するエクセルファイル，セットアップファイル，実行ファイルが含まれており，それらは Windows 2000，Windows XP で動作することを確認しています。

詳しくは，CD-ROM 内の readme.txt をお読み下さい。

なお，ご使用に際しては，以下の点にご留意下さい。

- 本プログラムを商用で使用することはできません。
- 本プログラムを他に流布することはできません。
- 本プログラムの改変は，営利目的でないかぎり自由です。
- 本プログラムを使用することによって生じた損害などについては，著作者，コロナ社は一切の責任を負いません。
- 著作者，コロナ社は，本プログラムに関する問合せを一切受け付けません。

1. バルク加工シミュレーションの概要

1.1 バルク加工の解析法

　計算機の能力の向上とともに，計算機によって実際に起こっている各種の現象を再現しようとするコンピュータシミュレーションが盛んに行われるようになってきており，**CAE**（computer aided engineering）システムとして利用される傾向にある。塑性加工にシミュレーション技術を応用すると，設計や研究開発に必要な情報を短時間に得ることができ，多品種少量生産，省コスト，高品質・高精度化に対して有力なツールになると考えられる。図1.1に示すように，CAE システムは試行錯誤実験の代わりとして用いられる傾向にあり，設計期間の短縮とコスト削減に大きく貢献している。

　鍛造，押出し，圧延のような**バルク加工**（bulk forming）において，加工中の素材の塑性変形，温度分布，工具の弾性変形などをシミュレーションしよ

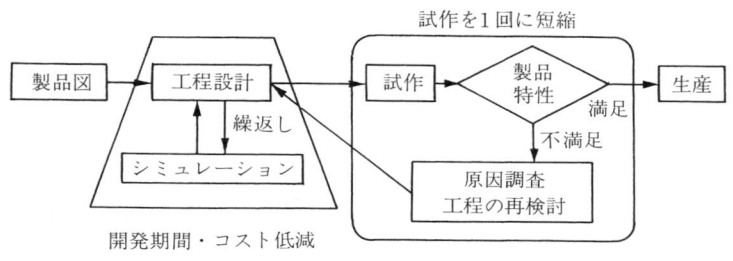

図1.1　シミュレーションによる工程設計

うとする試みが活発に行われるようになってきた．塑性変形をシミュレーションする方法としては，**スラブ法** (slab method)，**上界法** (upper bound method)，**すべり線場法** (slip line field method) などの解析的方法と，有限要素法，境界要素法，差分法などの数値解析法がある．スラブ法は，素材の変形領域内の薄い板状要素において力の釣合いの微分方程式を導き，降伏条件を用いて微分方程式を積分して応力分布を計算する方法であり，その応力分布から加工荷重も得られる．一般に釣合い式は1次元，素材は剛完全塑性体を仮定するため，解析的な式が求まり，圧延加工の実ラインの制御に用いられているが，変形を単純化しているため解析精度は高くない．また上界法では，素材内部全域における体積一定条件，および工具の入口・出口，工具接触面などの境界面で速度条件を満足する動的（運動学的）可容速度場を仮定し，その速度場に対して得られるエネルギー（仕事）から加工荷重を計算する．上界法は体積一定条件および速度の境界条件だけを満足する解を求める近似解析法であり，材料の変形は求まるが，応力分布は一般に計算できない．一方すべり線場法は，最大せん断応力の方向を結んだ曲線群であるすべり線から応力分布，加工荷重などを計算する方法である．一般にすべり線を描くことは容易でなく，剛完全塑性体の平面ひずみ変形と限定されているため，実加工にはほとんど利用されていない．

　解析的方法は変形挙動を単純化しないと解が求まらないため，計算機を使用する数値解析法が開発された（図 1.2）．**差分法** (finite difference method, **FDM**) は物体を有限個の格子点に分割し，微分方程式を格子点間の差で近似して解く方法である．差分法は微分方程式を直接近似するために理解しやすいが，一般に直交格子を基礎としているため複雑な境界条件を処理しにくい．また，**有限要素法** (finite element method, **FEM**) は物体を多数の要素に分割して計算する方法であり，複雑な境界条件を表現しやすいため，固体力学の分野では差分法よりも一般的に使用されている．一方，**境界要素法** (boundary element method, **BEM**) は物体の境界だけ要素に分割するため，変数の数が少なくなって有利であるが，一般に線形問題に対して定式化が行われており，

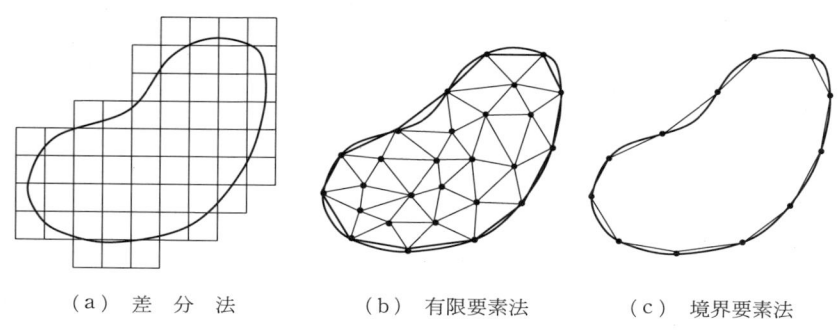

(a) 差分法　　　(b) 有限要素法　　　(c) 境界要素法

図1.2　数値解析法

非線形問題である塑性加工の解析にはあまり用いられていない。

1.2　FEMの歴史

バルク加工の数値解析法としては，FEMが一般的に用いられている。塑性変形をシミュレーションするためのFEMには，**弾塑性**（elastic-plastic）**FEM**と**剛塑性**（rigid-plastic）**FEM**がある（図1.3）。

[年]
- 弾性有限要素法：航空機の設計
- 60　弾塑性：微小変形理論
　　　剛塑性：平面応力
- 70　弾塑性：大変形理論
　　　剛塑性：ラグランジュ乗数法，ペナルティ法，圧縮特性法
- 80　各種加工法への適用：摩擦，接触問題，定常変形
- 90　実加工への応用：鍛造，圧延，押出し，引抜き
　　　市販ソフトウェアの機能充実：プリ・ポスト

図1.3　有限要素法の歴史

弾塑性FEMにおいては，1960年代の後半に弾性FEMからの拡張として**微小変形理論**（infinitesimal deformation theory）による定式化が導かれ[1]～[3]†，その後1970年代に**大変形理論**（finite deformation theory）に基づいて定式

---

† 肩付き数字は巻末の参考文献番号を示す。

化が拡張された[4]。弾塑性 FEM は素材を**弾塑性体**（elastic-plastic body）として計算を行う方法であり，負荷時の塑性変形だけでなく除荷後の弾性変形も計算できる。しかしながら，この方法では，変形段階ごとに応力の増分を求めて加え合わせているため，1回の変形量を非常に小さくする必要があり，計算時間が長くなる。また，厳しい変形における要素の再分割が問題になる。現在市販の塑性変形解析用汎用ソフトウェアは，弾塑性 FEM を基礎としたものが多い。

　剛塑性 FEM は，素材の弾性変形を無視して素材を**剛塑性体**（rigid-plastic body）として取り扱う方法である。剛塑性 FEM も 1960 年代の後半に上界法を汎用化させるものとして定式化がなされた[5]。その後，体積一定条件の取扱いおよび応力計算の方法として，ラグランジュ乗数法[6]，ペナルティ法[7]，圧縮特性法[8]が提案されている。バルク加工では，素材は比較的大きな塑性変形を受けるため，素材のわずかな弾性変形を無視してもよい場合が多い。剛塑性 FEM では，変形段階ごとに応力が直接計算されるため，1回の変形量を比較的大きくすることができ，大きな変形後の要素の再分割も容易である。また，一般に微小変形理論に基づいて定式化されるため，プログラミングも簡単である。このように剛塑性 FEM は実用的な方法であり，バルク加工の数値シミュレーションによく用いられている。

1.3　FEM の 特 徴

　バルク加工における素材の変形形状・温度分布，工具の弾性変形を精度よくシミュレーションするために，FEM が応用されている。FEM は計算機を用いた数値解析法であり，計算機の発達とともに重要性が高まっている。バルク加工においても FEM の適用に関する報告が多くなされており，実際の加工に適用されるようになってきた。FEM は物体を多数の要素に分割して計算を行い，バルク加工への応用における利点はつぎのとおりである。

1) 素材が変形する形状を精度よくモデル化できる。

2) 工具・素材の形状および材料特性を変化させるのが容易である。
3) 素材内部の材料流動，応力・ひずみ分布が求まる。
4) 自由度が大きく，精度の高い解が得られる。
5) 試行錯誤実験を減らすことができ，コストが低減できる。
6) 設計，開発の時間が短縮できる。

FEMでバルク加工を計算する最も大きな特徴は，1)の変形形状を精度よくモデル化できることである。バルク加工では素材形状が刻々と変化するが，スラブ法，上界法などの方法ではそれを精度よく表現するのが難しい。

　FEMでは，つぎのような材料特性を取り扱うことができる。
1) 変形抵抗：加工硬化，ひずみ速度依存性，異方性，温度依存性
2) 摩擦：摩擦係数，摩擦せん断係数
3) 加工による組織変化：組織予測式
4) 粉末成形における圧縮性：粉末鍛造，焼結
5) 慣性力：高速鍛造

バルク加工に必要な材料特性は，FEMでほぼ取り扱うことができる。

　バルク加工のFEMシミュレーションでは，つぎのような情報が得られて，工程設計において利用される。
1) 変形形状：製品形状・金型への充満の予測，素材形状の決定，折れ込みきずなどの欠陥予測
2) 加工荷重：加工機械の選定
3) 金型接触面圧：金型の摩耗・焼付き・割れの予測
4) 加工中の応力・ひずみ分布：被加工材の割れ予測
5) 加工後のひずみ・残留応力分布：製品の強度分布

このように，FEMは工程設計のツールとして利用できる。

1.4　シミュレーションシステム

　FEMによるシミュレーションは統合したシステムとして構築されている。

そのシステムは，図1.4に示すように三つのシステムに分けることができる。入力データを作成するプリプロセッサ，FEMの計算を行うソルバ，計算結果をコンピュータグラフィックスとして出力するポストプロセッサである。

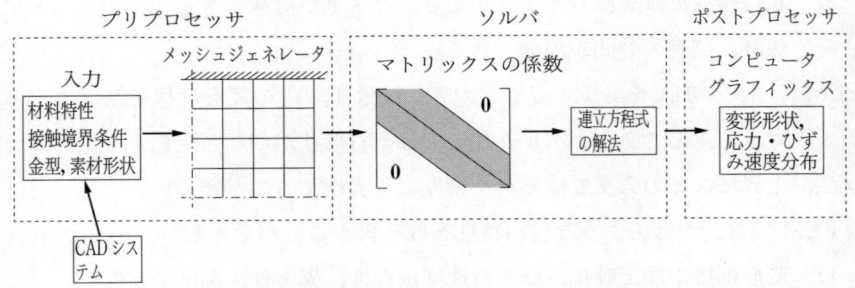

図1.4 FEMシミュレーションシステム

設計は通常 **CAD**（computer aided design）によって行われているため，前処理であるプリプロセッサでは，CADデータを直接シミュレーションに取り込むことが必要になってきている。また，FEMでは素材，金型などは要素に分割されていないと計算できないため，要素分割を行うメッシュジェネレータが必要になってきている。複雑な三次元製品では有限要素法の計算よりも要素分割に時間がかかる場合もあり，効率よく要素分割を行うメッシュジェネレータの開発が重要になってきている。またFEMによって計算を行うソルバでは，大規模計算の要求が強まり計算時間を短くする試みが行われている。CPUの能力を向上させるだけでなく，多数のCPUを使った並列処理計算も行われるようになってきた。一方ポストプロセッサでは，コンピュータグラフィックスの能力が向上したため，各種のデータ処理ができるようになり，計算結果を理解しやすいようになってきた。

最近では，市販ソフトウェアの機能が充実し，実加工に適用できるようになってきた。市販ソフトウェアは統合システムであり，素材の塑性変形だけでなく，工具の弾性変形および温度分布も計算できるようになっており，プリ・ポスト処理，三次元解析，CADデータの取込みなどにすぐれている。しかしな

がら，ソフトウェアがブラックボックス化されているため，解の信頼性，細かい条件の取扱いなどが問題となる。

　FEM シミュレーションは大型計算機，ワークステーションで行うことが一般的であったが，パーソナルコンピュータ（以下，パソコン）の高性能化と低価格化は目覚しいものがあり，パソコンにおいてもシミュレーションが十分に可能になりつつある。ハードおよびソフトウェアの両方が 32 ビット化し，基本ソフトウェアおよびアプリケーションソフトウェアが充実してきた。大学および企業で開発された有限要素法ソフトウェアはパソコンに対応しやすく，有限要素法の市販ソフトウェアもパソコン版が増えてきた。実加工での使用を考えると，パソコン対応が必要になり，パソコンシステムが今後増加する。

2. 剛塑性有限要素法の定式化

2.1 剛塑性構成式

2.1.1 応力とひずみ

物体に力を加えると，物体は変形してその内部に応力が生じる．実際の加工では，応力は三軸応力状態になり，三次元変形として取り扱う必要がある．このため，材料内における任意の点の応力は，材料内の微小な面を仮想し，その面を通して伝えられる力を，その面の面積で割った値として定義される．面に垂直な方向の応力を**垂直応力**（normal stress）σ，接線方向の応力を**せん断応力**（shear stress）τ と呼び，図 2.1 に示すように 9 個の応力成分がある．しかしながら，モーメントの釣合いから，$\tau_{xy} = \tau_{yx}$，$\tau_{yz} = \tau_{zy}$，$\tau_{zx} = \tau_{xz}$ となり，独立な応力成分は 6 個になる．応力における添字は応力の作用する面の方向と応力の方向を示しており，垂直応力は二つの方向が同じであるため，添字

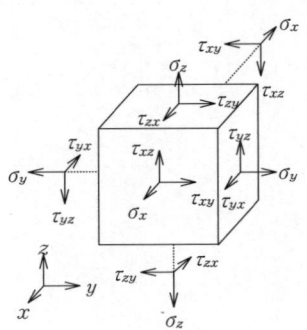

図 2.1　三軸応力

2.1 剛塑性構成式

を省略して1個にしている。

せん断応力が0になるような x, y, z 軸を選択するとき，その垂直応力を主応力と呼び，3個の主応力が存在する．3個の垂直応力の平均値は**静水圧応力**（hydrostatic stress）σ_m として定義される．

$$\sigma_m = \frac{\sigma_x + \sigma_y + \sigma_z}{3} \tag{2.1}$$

静水圧応力の値は材料に作用する圧力の大小を表すものである．

各方向の垂直応力成分から平均垂直応力を差し引いたものは**偏差応力**（deviatoric stress）として表される．

$$\sigma_x' = \sigma_x - \sigma_m, \quad \sigma_y' = \sigma_y - \sigma_m, \quad \sigma_z' = \sigma_z - \sigma_m \tag{2.2}$$

せん断応力の偏差成分については，σ_m を差し引かないため，τ_{xy}, τ_{yz}, z_{zx} である．塑性変形では，この偏差応力が重要となる．

物体に力が加わると変形が生じ，変形の度合いはひずみによって表される．三軸応力に対応して，垂直ひずみとせん断ひずみの6成分が微小ひずみとして得られる．

$$\left.\begin{array}{l}\varepsilon_x = \dfrac{\partial u_x}{\partial x}, \quad \varepsilon_y = \dfrac{\partial u_y}{\partial y}, \quad \varepsilon_z = \dfrac{\partial u_z}{\partial z} \\[6pt] \gamma_{xy} = \dfrac{\partial u_y}{\partial x} + \dfrac{\partial u_x}{\partial y}, \quad \gamma_{yz} = \dfrac{\partial u_z}{\partial y} + \dfrac{\partial u_y}{\partial z}, \quad \gamma_{zx} = \dfrac{\partial u_x}{\partial z} + \dfrac{\partial u_z}{\partial x}\end{array}\right\} \tag{2.3}$$

ここで，u_x, u_y, u_z は x, y, z 方向の変位成分である．もし，変位の分布が決まると，それらを座標で微分することにより，ひずみが求まることになる．

塑性変形は非線形挙動で履歴に依存し，通常初期の状態を基準にするのではなく，現在の形状とそれらからの微小な変形を考える．このときのひずみの増加量をひずみ増分 $d\varepsilon$ と呼ぶ．微小変形が時間 dt で生じるものとすると，ひずみ速度 $\dot{\varepsilon}$ はつぎのように表される．

$$\dot{\varepsilon} = \frac{d\varepsilon}{dt} \tag{2.4}$$

また，ひずみ速度の成分は式(2.3)を時間で微分することによって求まる．

$$\left.\begin{aligned}\dot{\varepsilon}_x &= \frac{\partial v_x}{\partial x}, \quad \dot{\varepsilon}_y = \frac{\partial v_y}{\partial y}, \quad \dot{\varepsilon}_z = \frac{\partial v_z}{\partial z} \\ \dot{\gamma}_{xy} &= \frac{\partial v_y}{\partial x} + \frac{\partial v_x}{\partial y}, \quad \dot{\gamma}_{yz} = \frac{\partial v_z}{\partial y} + \frac{\partial v_y}{\partial z}, \quad \dot{\gamma}_{zx} = \frac{\partial v_x}{\partial z} + \frac{\partial v_z}{\partial x}\end{aligned}\right\} \quad (2.5)$$

ここで，v_x，v_y，v_z は x，y，z 方向の速度成分である。式(2.5)は微小ひずみから求めたものであるが，瞬間的な速度から求まるひずみ速度は式(2.5)と一致する。

軸対称変形では，ひずみ速度はつぎのように表される。

$$\left.\begin{aligned}\dot{\varepsilon}_r &= \frac{\partial v_r}{\partial r}, \quad \dot{\varepsilon}_\theta = \frac{v_r}{r}, \quad \dot{\varepsilon}_z = \frac{\partial v_z}{\partial z} \\ \dot{\gamma}_{rz} &= \frac{\partial v_z}{\partial r} + \frac{\partial v_r}{\partial z}\end{aligned}\right\} \quad (2.6)$$

ここで，v_r と v_z は r 方向と z 方向の速度である。

2.1.2 降 伏 条 件

塑性変形の開始を表す代表的な降伏条件としては，トレスカ（Tresca）とミーゼス（von Mises）の降伏条件がある。応力-ひずみ速度関係式が導出できるため，ミーゼスの降伏条件式がFEMにおいて一般的に使われている。ミーゼスの降伏条件では，偏差応力の二次不変量が，またはせん断ひずみエネルギーが一定値に達すると降伏することを表している。この降伏条件は塑性変形の開始を表すだけでなく，塑性変形中も拡張されており，塑性変形中の三次元的な応力はつぎの式を満足する。

$$\bar{\sigma}^2 = \frac{1}{2}\{(\sigma_x - \sigma_y)^2 + (\sigma_y - \sigma_z)^2 + (\sigma_z - \sigma_x)^2 + 6(\tau_{xy}^2 + \tau_{yz}^2 + \tau_{zx}^2)\}$$

$$(2.7)$$

ここで，$\bar{\sigma}$ は**相当応力**（equivalent stress）であり，三軸応力を一軸応力に変換するものであり，一軸応力における変形抵抗と一致させられる。

2.1.3 応力-ひずみ速度関係式

弾性変形では，応力とひずみは線形関係にあり，その関係はフックの法則として知られている。一方，塑性変形は非線形挙動になり，図 2.2 に示すように変形を微小なステップに分割し，そのステップにおいて応力とひずみ増分（またはひずみ速度）を関係づける。これをひずみ増分理論と呼んでいる。

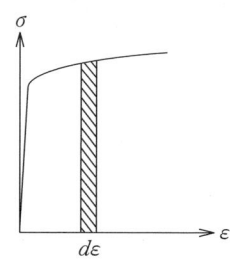

図 2.2　ひずみ増分理論

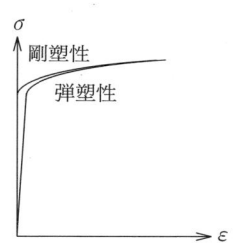

図 2.3　弾塑性体と剛塑性体における応力-ひずみ曲線

図 2.3 に示すように，**レビー・ミーゼスの式**（Lévy-Mises equations）では，素材の弾性変形を無視して素材を剛塑性体とし，ひずみ速度（またはひずみ増分）と式(2.2)の偏差応力が比例関係にある。

$$\left.\begin{aligned}&\dot{\varepsilon}_x = \frac{3}{2}\frac{\dot{\bar{\varepsilon}}}{\bar{\sigma}}(\sigma_x - \sigma_m), \quad \dot{\varepsilon}_y = \frac{3}{2}\frac{\dot{\bar{\varepsilon}}}{\bar{\sigma}}(\sigma_y - \sigma_m), \quad \dot{\varepsilon}_z = \frac{3}{2}\frac{\dot{\bar{\varepsilon}}}{\bar{\sigma}}(\sigma_z - \sigma_m) \\ &\dot{\gamma}_{xy} = \frac{3\dot{\bar{\varepsilon}}}{\bar{\sigma}}\tau_{xy}, \quad \dot{\gamma}_{yz} = \frac{3\dot{\bar{\varepsilon}}}{\bar{\sigma}}\tau_{yz}, \quad \dot{\gamma}_{zx} = \frac{3\dot{\bar{\varepsilon}}}{\bar{\sigma}}\tau_{zx} \\ &\sigma_m = \frac{\sigma_x + \sigma_y + \sigma_z}{3}\end{aligned}\right\}$$

(2.8)

ここで，**相当ひずみ速度**（equivalent strain-rate）$\dot{\bar{\varepsilon}}$ はつぎのように定義される。

$$\dot{\bar{\varepsilon}} = \sqrt{\frac{2}{9}\{(\dot{\varepsilon}_x - \dot{\varepsilon}_y)^2 + (\dot{\varepsilon}_y - \dot{\varepsilon}_z)^2 + (\dot{\varepsilon}_z - \dot{\varepsilon}_x)^2 + \frac{3}{2}(\dot{\gamma}_{xy}^2 + \dot{\gamma}_{yz}^2 + \dot{\gamma}_{zx}^2)\}}$$

(2.9)

式(2.8)の3個の垂直ひずみ速度の総和をとると，次式の**体積一定条件**（incompressible condition）が導出される。

$$\dot{\varepsilon}_v = \dot{\varepsilon}_x + \dot{\varepsilon}_y + \dot{\varepsilon}_z = 0 \tag{2.10}$$

ここで，$\dot{\varepsilon}_v$ は体積ひずみ速度である。

式(2.8)のレビー・ミーゼスの式では，応力成分が与えられるとひずみ速度成分が計算される。しかしながら，ひずみ速度成分から応力成分を直接計算できない（静水圧応力がわからないと計算できない）。これは，式(2.10)の体積一定条件が満足され，垂直ひずみ速度成分の2個だけが独立であるためである。

相当ひずみ（equivalent strain）$\bar{\varepsilon}$ は相当ひずみ速度を時間で積分することによって求められる。

$$\bar{\varepsilon} = \int \dot{\bar{\varepsilon}} dt \tag{2.11}$$

相当ひずみは，三軸状態のひずみ量を一軸状態に変換するものであり，この値がわかると応力-ひずみ曲線から相当応力を決定することができる。

2.1.4 塑性ポテンシャル

応力とひずみ速度の関係が次式で表されるとき，$g(\sigma_{ij})$ を**塑性ポテンシャル**（plastic potential）と呼ぶ。

$$\dot{\varepsilon}_{ij} = d\lambda \frac{\partial g(\sigma_{ij})}{\partial \sigma_{ij}} \tag{2.12}$$

一般に降伏条件を塑性ポテンシャルとする。式(2.12)では，ひずみ速度の方向が降伏曲面の外向き法線になることを示している。すなわち，$g(\sigma_{ij}) = 0$ であるため

$$\frac{\partial g(\sigma_{ij})}{\partial \sigma_{ij}} d\sigma_{ij} = 0 \tag{2.13}$$

となり，式(2.12)に代入すると，次式が得られる。

$$\dot{\varepsilon}_{ij} d\sigma_{ij} = 0 \tag{2.14}$$

図2.4に示すように，$d\sigma_{ij}$ は降伏曲面の接線方向を示しているため，ひずみ速

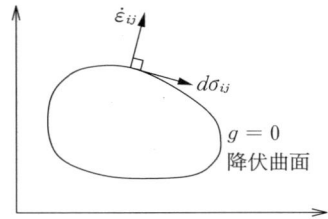

図 2.4 降伏曲面におけるひずみ速度と応力増分の方向

度の方向が降伏曲面の外向き法線になる。

例えば，式(2.7)のミーゼスの降伏条件式を塑性ポテンシャルとして，ひずみ速度成分を計算する。

$$g = \{(\sigma_x - \sigma_y)^2 + (\sigma_y - \sigma_z)^2 + (\sigma_z - \sigma_x)^2 + 6(\tau_{xy}^2 + \tau_{yz}^2 + \tau_{zx}^2)\} - 2\bar{\sigma}^2 = 0 \tag{2.15}$$

式(2.15)を式(2.12)に代入すると

$$\dot{\varepsilon}_{ij} = 6d\lambda(\sigma_{ij} - \sigma_m) \tag{2.16}$$

$d\lambda$ は式(2.16)を降伏条件式(2.7)に代入し，式(2.9)の相当ひずみ速度を用いることによって求められる。求められた式は式(2.8)のレビー・ミーゼスの式と一致する。

塑性ポテンシャルの考え方を用いると，降伏条件式を定義するだけで応力-ひずみ速度関係式が自動的に求まる。異方性，多孔質体の降伏条件から，それらの応力-ひずみ速度関係式が導出できる。

2.2 節点力による定式化

2.2.1 節 点 力

塑性変形のFEMには，弾塑性FEMと剛塑性FEMがある。弾塑性FEMでは素材を弾塑性体とする方法であり，剛塑性FEMでは素材を剛塑性体とする方法である。剛塑性FEMでは素材の弾性変形が無視されているが，大きな塑性変形を比較的短い時間で計算できる。

塑性変形は非線形性があるため，一般にひずみ増分理論に基づいて，変形を

いくつかの微小な変形ステップに分割して計算を行う。剛塑性FEMにおいても，ひずみ増分理論に基づいていくつかのステップに分割し，それぞれのステップの最初の状態で定式化を行う。それぞれのステップにおいて節点速度を求め，節点速度と変形ステップの時間増分からつぎのステップの節点座標を求め，それを繰り返すことによって大きな塑性変形を計算する

図2.5に示すように一つの要素に節点力が作用すると，それに対して要素内部に応力が発生する。節点力 $\{P\}$ による外部仕事と要素内部の応力 $\{\sigma\}$ による内部仕事は等しい。

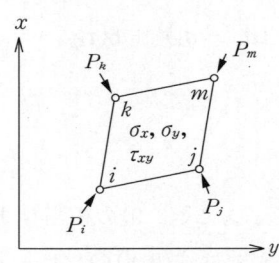

図2.5 四角形要素における節点力

$$\{v\}^T\{P\} = \int_V \{\dot{\varepsilon}\}^T\{\sigma\}dV \tag{2.17}$$

$$\{\sigma\}^T = \{\sigma_x, \ \sigma_y, \ \sigma_z, \ \tau_{xy}, \ \tau_{yz}, \ \tau_{zx}\}$$

$$\{\dot{\varepsilon}\}^T = \{\dot{\varepsilon}_x, \ \dot{\varepsilon}_y, \ \dot{\varepsilon}_z, \ \dot{\gamma}_{xy}, \ \dot{\gamma}_{yz}, \ \dot{\gamma}_{zx}\}$$

ここで，$\{v\}$ は節点速度のベクトルである。式(2.17)のように，外部仕事と内部仕事の釣合いを**仮想仕事の原理**（principle of virtual work）と呼ぶ。FEMでは，各変形ステップの最初における要素内のひずみ速度は節点速度の一次式で表される。

$$\{\dot{\varepsilon}\} = [B]\{v\} \tag{2.18}$$

式(2.18)を式(2.17)に代入すると，節点力はつぎのように表される。

$$\{P\} = \int_V [B]^T\{\sigma\}dV \tag{2.19}$$

2.2.2 ラグランジュ乗数法

式(2.19)の節点力に構成式を導入するためには，応力成分がひずみ速度成分の陽な関数として表現されなければならない．しかしながら，式(2.8)のレビー・ミーゼスの式は体積一定条件を含んでいるため，陽な関数として表現できない．そこで，式(2.8)において静水圧応力を残した式としてつぎのように表す．

$$\{\sigma\} = [D]\{\dot{\varepsilon}\} + \{\sigma_m\} \tag{2.20}$$

$$\{\sigma_m\}^T = \{\sigma_m,\ \sigma_m,\ \sigma_m,\ 0,\ 0,\ 0\}$$

$$[D] = \frac{\bar{\sigma}}{\dot{\bar{\varepsilon}}}\begin{bmatrix} a & 0 & 0 & 0 & 0 & 0 \\ 0 & a & 0 & 0 & 0 & 0 \\ 0 & 0 & a & 0 & 0 & 0 \\ 0 & 0 & 0 & c & 0 & 0 \\ 0 & 0 & 0 & 0 & c & 0 \\ 0 & 0 & 0 & 0 & 0 & c \end{bmatrix}$$

$$a = \frac{2}{3},\quad c = \frac{1}{3}$$

式(2.19)に式(2.20)と式(2.18)を代入すると

$$\{P\} = \int_V [B]^T[D][B]dV\{v\} + \int_V [B]^T\{\sigma_m\}dV \tag{2.21}$$

ここで，静水圧応力 σ_m を要素ごとの変数とする．それぞれの節点において，その節点を含む要素の節点力を釣り合わせる．

$$\sum_{j=1}^{n_{el}} P_{xij} = \begin{cases} 0 & (\text{素材内部}) \\ F_{xi} & (\text{素材表面}) \end{cases},\quad \sum_{j=1}^{n_{el}} P_{yij} = \begin{cases} 0 & (\text{素材内部}) \\ F_{yi} & (\text{素材表面}) \end{cases},$$

$$\sum_{j=1}^{n_{el}} P_{zij} = \begin{cases} 0 & (\text{素材内部}) \\ F_{zi} & (\text{素材表面}) \end{cases} \quad (i = 1, \cdots, n_p) \tag{2.22}$$

ここで，F_i は摩擦および張力による外力，n_{el} は節点 i を含む要素の数，n_p は節点数である．上式の連立方程式は，節点速度だけでなく（二次元問題では節点数の2倍，三次元問題では節点数の3倍の変数），要素ごとに静水圧応力

も変数となるため,式の数(二次元問題では節点数の2倍,三次元問題では節点数の3倍)が変数の数と一致しなくなり,このままでは解けない。しかしながら剛塑性材料では,体積一定の条件も満足しなければならないため,要素ごとに体積一定条件式(2.10)を満足させる。

$$\dot{\varepsilon}_{xj} + \dot{\varepsilon}_{yj} + \dot{\varepsilon}_{zj} = 0 \quad (j = 1, \cdots, n_e) \tag{2.23}$$

ここで,n_eは要素数である。式(2.22)と式(2.23)を連立させると式の数と変数の数が一致することになり,解が求まる。

本方法を**ラグランジュ乗数法**[1] (Lagrange maltiplier method) と呼び,要素ごとの変数 σ_m がラグランジュ未定乗数である。弾性体と違って剛塑性体はレビー・ミーゼスの式において応力の逆変換ができないため,静水圧応力を変数として残している。このため,ラグランジュ乗数法では変数の数が多くなり,計算時間が長くなる。また,節点速度が節点ごとの変数,ラグランジュ未定乗数が要素ごとの変数であるため,**図 2.6** で示すように剛性方程式のマトリックスのバンド化が複雑になる。

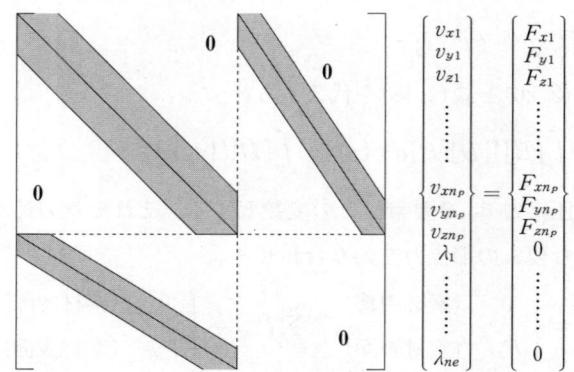

図 2.6 ラグランジュ乗数法におけるマトリックス

2.2.3 圧縮特性法

レビー・ミーゼスの式では応力の逆変換が行えなかったのは,素材が非圧縮性を有するためである。そこで,塑性変形している素材に非常にわずかな圧縮

性を考え，通常の非圧縮性金属材料の塑性変形挙動を近似しようとする方法が，提案されている．この**圧縮特性法**[2] (slightly comperssible material method) では，圧縮性を考慮するため降伏条件は静水圧応力 σ_m に依存する．

$$\bar{\sigma}^2 = \frac{1}{2}\{(\sigma_x - \sigma_y)^2 + (\sigma_y - \sigma_z)^2 + (\sigma_z - \sigma_x)^2 + 6(\tau_{xy}^2 + \tau_{yz}^2 + \tau_{zx}^2)\}$$
$$+ g\sigma_m^2 \tag{2.24}$$

ここで，g は正の小さな値の定数（0.01～0.0001）である．**図 2.7** は式 (2.24) の降伏関数を表示したものであり，g の値が 0 のときはミーゼスの降伏条件と一致する．

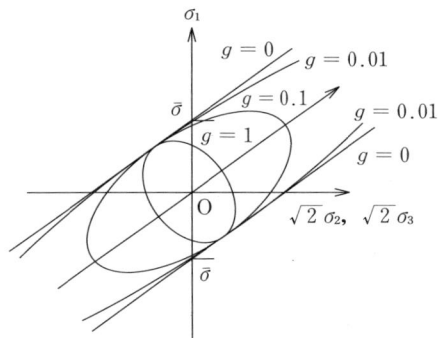

図 2.7　わずかな圧縮性を有する材料の降伏条件式(2.24)

式(2.24)の降伏条件を塑性ポテンシャルとすると，式(2.12)からひずみ速度と応力の関係が得られる．

$$\dot{\varepsilon}_x = \frac{3}{2}\frac{\dot{\bar{\varepsilon}}}{\bar{\sigma}}\left\{\sigma_x + \left(\frac{2}{9}g - 1\right)\sigma_m\right\}, \quad \dot{\varepsilon}_y = \frac{3}{2}\frac{\dot{\bar{\varepsilon}}}{\bar{\sigma}}\left\{\sigma_y + \left(\frac{2}{9}g - 1\right)\sigma_m\right\},$$

$$\dot{\varepsilon}_z = \frac{3}{2}\frac{\dot{\bar{\varepsilon}}}{\bar{\sigma}}\left\{\sigma_z + \left(\frac{2}{9}g - 1\right)\sigma_m\right\} \tag{2.25 a}$$

$$\dot{\gamma}_{xy} = \frac{3\dot{\bar{\varepsilon}}}{\bar{\sigma}}\tau_{xy}, \quad \dot{\gamma}_{yz} = \frac{3\dot{\bar{\varepsilon}}}{\bar{\sigma}}\tau_{yz}, \quad \dot{\gamma}_{zx} = \frac{3\dot{\bar{\varepsilon}}}{\bar{\sigma}}\tau_{zx} \tag{2.25 b}$$

式(2.25)の逆変換を行うと，応力はつぎのように求められる．

$$\{\sigma\} = [D']\{\dot{\varepsilon}\} \tag{2.26}$$

2. 剛塑性有限要素法の定式化

$$[D'] = \frac{\bar{\sigma}}{\dot{\bar{\varepsilon}}} \begin{bmatrix} a & b & b & 0 & 0 & 0 \\ b & a & b & 0 & 0 & 0 \\ b & b & a & 0 & 0 & 0 \\ 0 & 0 & 0 & c & 0 & 0 \\ 0 & 0 & 0 & 0 & c & 0 \\ 0 & 0 & 0 & 0 & 0 & c \end{bmatrix}$$

$$a = \frac{1}{g} + \frac{4}{9}, \quad b = \frac{1}{g} - \frac{2}{9}, \quad c = \frac{1}{3}$$

この材料に対する応力はひずみ速度から直接計算できる。相当ひずみ速度 $\dot{\bar{\varepsilon}}$ は次式で表される。

$$\dot{\bar{\varepsilon}}^2 = \frac{2}{9}\left\{(\dot{\varepsilon}_x - \dot{\varepsilon}_y)^2 + (\dot{\varepsilon}_y - \dot{\varepsilon}_z)^2 + (\dot{\varepsilon}_z - \dot{\varepsilon}_x)^2 \right. \\ \left. + \frac{3}{2}(\dot{\gamma}_{xy}^2 + \dot{\gamma}_{yz}^2 + \dot{\gamma}_{zx}^2)\right\} + \frac{1}{g}\dot{\varepsilon}_v^2 \tag{2.27}$$

式(2.26)の応力を式(2.19)に代入すると節点力が得られる。

$$\{P\} = \int_V [B]^T [D'][B] dV \{v\} \tag{2.28}$$

式(2.22)のように節点力を釣り合わせることによって解が求まる。

$$\sum_{j=1}^{nel} P_{xij} = \begin{cases} 0 & (\text{素材内部}) \\ F_{xi} & (\text{素材表面}) \end{cases}, \quad \sum_{j=1}^{nel} P_{yij} = \begin{cases} 0 & (\text{素材内部}) \\ F_{yi} & (\text{素材表面}) \end{cases},$$

$$\sum_{j=1}^{nel} P_{zij} = \begin{cases} 0 & (\text{素材内部}) \\ F_{zi} & (\text{素材表面}) \end{cases} \quad (i = 1, \cdots, n_p) \tag{2.29}$$

圧縮特性法では，変数が節点速度だけであり，ラグランジュ乗数法のように変数の数が増加せず，剛性方程式のマトリックスは図 2.8 に示すように単純な**バンドマトリックス** (banded matrix) になる。

剛塑性 FEM では，式(2.29)のような剛性方程式を解くことによって解を求めているが，剛性方程式は非線形連立方程式になる。式(2.28)は節点速度の一次式のように表されているが，マトリックス $[D']$ の中に相当ひずみ速度を含んでいるため，剛性方程式は非線形になる。剛性方程式は繰返し計算に解を求

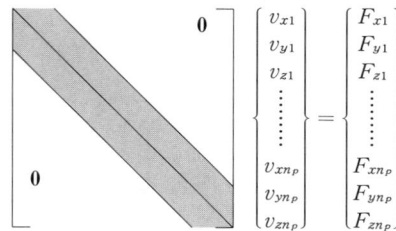

図 2.8　圧縮特性法における
マトリックス

めている。

2.3　汎関数の最小化による定式化

2.3.1　汎関数の最小化

塑性加工の解析法の一つに上界法がある。上界法の基礎になる上界定理では，体積一定条件および速度の境界条件を満足する速度場から得られるエネルギー消散率は，正解より得られるエネルギー消散率よりも大きくなることが保証されている。このため上界法では，剛塑性材料が変形する際のエネルギー消散率を求め，そのエネルギー消散率を最小にする解を求めている。剛塑性FEMの定式化も上界法と同様な考え方で行うことができる。

素材を多数の要素に分割し，分割された素材に対してつぎの汎関数 $\varPhi$ を最小にすることによって解を求める。

$$\varPhi = \int_V \left[\int_0^{\bar{\varepsilon}} \bar{\sigma} d\bar{\dot{\varepsilon}} \right] dV + \int_{S_f} |\tau_f||\varDelta v| dS - \int_{S_t} T_i v_i dS \tag{2.30}$$

　　　　　　塑性変形　　　　　摩擦損失　　　外力

ここで，$\bar{\sigma}$ は相当応力，$\bar{\dot{\varepsilon}}$ は相当ひずみ速度，τ_f は摩擦せん断応力，$\varDelta v$ は相対すべり速度，T_i は表面力，v_i は速度である。上式の右辺第1項目は塑性変形に関する項，第2項目は摩擦損失に関する項，第3項目は外力に関する項である。右辺第2項目である摩擦損失仕事はつねに正であるため，摩擦せん断応力と相対すべり速度は絶対値を用いている。式(2.30)において，変形抵抗（相当応力）がひずみ速度に依存しないとき，第1項目は塑性変形エネルギー消散

率と一致し，第2項目および第3項目もエネルギー消散率になり，汎関数の最小化は塑性変形する際のエネルギー消散率を最小にすることを意味する。

変形をいくつかのステップに分割し，それぞれのステップで相当ひずみが計算できるため，一軸の応力-ひずみ曲線からそれぞれのステップでの相当応力が計算でき，素材の加工硬化特性を考慮できる。また，熱間加工では素材の変形抵抗のひずみ速度依存性は顕著になるが，剛塑性FEMではひずみ速度依存性を式(2.30)の汎関数の中に直接取り込むことができるため，ひずみ速度依存性の影響を比較的容易に取り扱える。例えば，ひずみ速度依存性材料に対して，素材の変形抵抗をつぎのように仮定すると

$$\bar{\sigma} = F\bar{\varepsilon}^n \dot{\bar{\varepsilon}}^m \tag{2.31}$$

式(2.30)の汎関数は次式で表される。

$$\Phi = \int_V \frac{1}{m+1}\bar{\sigma}\dot{\bar{\varepsilon}}dV + \int_{S_f}|\tau_f||\Delta v|dS - \int_{S_t}T_i v_i dS \tag{2.32}$$

ひずみ速度依存性を考慮する方法は，粘塑性FEMと呼ばれることもある。

汎関数を最小にする場合，塑性変形の拘束条件として，速度場が式(2.10)の体積一定の条件を満足しなければならない。体積一定条件の取扱い法として，以下に示す方法が提案されている。

2.3.2 ラグランジュ乗数法

2.2.2項で節点力の釣合いによって定式化されたが，汎関数の最小化によっても同じ式が得られる。拘束条件である体積一定の条件を，ラグランジュ乗数法[1]を用いて汎関数の中に取り込むことによって，剛塑性FEMの定式化が導ける。ラグランジュ乗数法では，つぎの汎関数を停留させる。

$$\Phi_1 = \int_V \left[\int_0^{\bar{\varepsilon}} \bar{\sigma}d\bar{\varepsilon}\right]dV + \int_V \lambda \dot{\varepsilon}_v dV + \int_{S_f}|\tau_f||\Delta v|dS - \int_{S_t}T_i v_i dS$$
$$\tag{2.33}$$

ここで，λはラグランジュ未定乗数であり，要素ごとの変数である。汎関数の停留化条件は，汎関数を変数によって偏微分した式をそれぞれ0にすることで

ある．式(2.33)を節点速度で偏微分しλとσ_mが等しいとすると，式(2.22)の節点力の釣合い式が得られる．すなわち，式(2.33)の右辺第1項目を節点速度で偏微分するとつぎのようになり，式(2.22)の右辺第1項目が得られる．

$$\frac{\partial\left[\int_0^{\dot{\bar{\varepsilon}}}\bar{\sigma}d\dot{\bar{\varepsilon}}\right]}{\partial\dot{\varepsilon}_{ij}}\frac{\partial\dot{\varepsilon}_{ij}}{\partial v_k}=\bar{\sigma}\frac{\partial\dot{\bar{\varepsilon}}}{\partial\dot{\varepsilon}_{ij}}\frac{\partial\dot{\varepsilon}_{ij}}{\partial v_k}=\underbrace{\frac{2}{3}\frac{\bar{\sigma}}{\dot{\bar{\varepsilon}}}}_{[D]}\underbrace{\dot{\varepsilon}_{ij}}_{[B]\{v\}}\underbrace{\frac{\partial\dot{\varepsilon}_{ij}}{\partial v_k}}_{[B]^T} \quad (2.34)$$

式(2.33)の右辺第2項目と第3項目を節点速度で微分すると，摩擦力と張力などの外力になる．また，λで偏微分すると式(2.23)の体積一定条件が得られる．すなわち，節点力の釣合いと汎関数の停留化による定式化は等価である．

2.3.3 圧縮特性法

2.2.3項で説明した圧縮特性法[2)]では，つぎの汎関数を最小にすることと節点力を釣り合わせることが等価である．

$$\Phi_2=\int_V\left[\int_0^{\dot{\bar{\varepsilon}}}\bar{\sigma}d\dot{\bar{\varepsilon}}\right]dV+\int_{S_f}|\tau_f||\Delta v|dS-\int_{S_t}T_iv_idS \quad (2.35)$$

圧縮特性法では，変数が節点速度だけであり，ラグランジュ乗数法のように変数の数が増加しない．また，体積一定の条件に関する項が相当ひずみ速度の中に入っており，最小化の取扱いが簡単で得られた解は圧縮性が非常に小さいため，体積一定の条件を近似的に満足する．

2.3.4 ペナルティ法

汎関数の最小化において，体積一定の条件を近似的に満足する方法として**ペナルティ法**[3)] (penalty function method) が採用されている．

$$\Phi_3=\int_V\left[\int_0^{\dot{\bar{\varepsilon}}}\bar{\sigma}d\dot{\bar{\varepsilon}}\right]dV+\int_V\alpha\dot{\varepsilon}_v^2dV+\int_{S_f}|\tau_f||\Delta v|dS-\int_{S_t}T_iv_idS$$
$$(2.36)$$

ここで，αは大きな正の定数である．αが大きな値をもつため，汎関数が最小

になるには，体積ひずみ速度の値は0に近づき，体積一定の条件がほぼ満足される。この方法では，仮想仕事の原理から近似的な応力も得られる。

ペナルティ法と圧縮特性法は似た方法であるが，圧縮特性法は降伏条件と応力などに理論的に矛盾がない。すなわち，ペナルティ法では非圧縮性であるミーゼスの降伏条件を使っているが，得られた解はわずかな圧縮性を含んでいる。

2.4 計算上の問題点の解決法

2.4.1 摩擦境界条件の処理

塑性加工では，工具と素材の接触面に摩擦が生じ，摩擦は素材の変形挙動に重要な影響を及ぼす。工具との接触面上では，摩擦力の方向が逆転する中立点がしばしば現れる。中立点の位置は加工条件および材料特性によって変化するため，摩擦力の方向を境界条件として与えることはできない。このため，摩擦力の大きさを与えるだけで，中立点の位置が計算できる手法が必要になる。

4.4節で詳細に説明するが，式(2.30)の汎関数において，相対すべり速度の絶対値をつぎのように近似する方法がある[4]。

$$|\Delta v^*| = \sqrt{\Delta v^2 + v_s^2} \tag{2.37}$$

ここで，v_s は中立点を除いた領域の相対すべり速度の絶対値と比較して十分小さな正の値をもつ定数であり，中立点近傍以外では $|\Delta v|$ と $|\Delta v^*|$ の値はほぼ等しくなる。しかしながら，中立点近傍では，以下に示す効果が現れる。

三次元形状をした工具の曲面に沿って素材が流れるとき，接触面における相対すべり速度の絶対値は次式で表される。

$$|\Delta v| = \sqrt{(v_x - V_x)^2 + (v_y - V_y)^2} \tag{2.38}$$

v_x, v_y は素材の接線方向の速度成分，V_x, V_y は工具の接線方向の速度成分である。式(2.37)と式(2.38)を用いて，式(2.30)の汎関数の停留（最小）条件を節点力の釣合い式と一致させることにより，摩擦せん断応力の成分が得られ

2.4 計算上の問題点の解決法

る。

$$\left.\begin{array}{l}\tau_{fX} = \dfrac{|\tau_f|(V_X - v_X)}{|\varDelta v^*|} \\[2mm] \tau_{fY} = \dfrac{|\tau_f|(V_Y - v_Y)}{|\varDelta v^*|}\end{array}\right\} \qquad (2.39)$$

式(2.39)は摩擦せん断応力の絶対値を，二つの接線方向に速度成分によって分解したものと対応している。摩擦せん断応力の成分は工具と素材の速度差（相対すべり速度の成分）の関数であり，その方向は中立点を境にして逆転することになる（図2.9）。式(2.37)によって相対すべり速度の絶対値を $|\varDelta v^*|$ に近似したため，中立点近傍で摩擦せん断応力成分の値は減少して，中立点で0になる（中立点で $|\varDelta v^*|$ は0ではない）。この効果は汎関数の最小化において困難を生じさせなくなる。摩擦せん断応力を相対すべり速度の逆正接の関数として表すことも行われている[5]が，本方法は相対すべり速度に小さな値を加えるだけであり，プログラム的には簡単である。

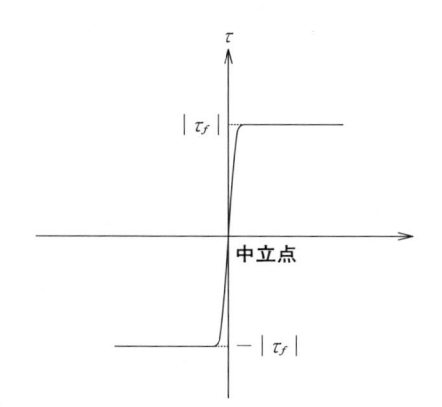

図2.9 中立点付近における摩擦せん断応力の逆転

バルク加工の摩擦法則としては，クーロン則を仮定する場合が多い。

$$|\tau_f| = \mu p \qquad (2.40)$$

ここで，μ は摩擦係数，p はロールとの接触面圧である。剛塑性FEMでは，汎関数の最小化における繰返し計算ごとに，接触面圧を変化させて収束させている。μp が $\bar{\sigma}/\sqrt{3}$ より大きい場合は降伏条件を満足しなくなるので，$|\tau_f| =$

$\bar{\sigma}/\sqrt{3}$ とする.また,摩擦法則として摩擦せん断係数 m' も剛塑性 FEM に取り込むことができる.

$$|\tau_f| = m'k \tag{2.41}$$

ここで,k はせん断降伏応力である.

2.4.2 非変形域の処理

塑性加工されている素材の一部に**非変形域**(rigid zone)が現れる場合がある.剛塑性 FEM では,素材の全域が塑性変形しているとして取り扱う.このため剛塑性 FEM では,非変形域で相当ひずみ速度が小さくなって応力に誤差を生じやすくなり,力の釣合いが満足されなくなる.このため,非変形域の処理が剛塑性 FEM では必要になる.

非変形域では応力の値が小さくなって,降伏条件が満足されなくなる.この現象を近似的に再現するために,非変形域で相当応力を小さくするような処理を行う.非変形域では,相当ひずみ速度が小さくなるので,変形抵抗のひずみ速度依存性を利用し,相当応力をつぎのように近似する[2]:

$$\bar{\sigma}_e = \frac{\bar{\sigma}}{\sqrt{1 + \left(\frac{e}{\dot{\bar{\varepsilon}}}\right)^2}} \tag{2.42}$$

ここで,e は,塑性変形している領域の相当ひずみ速度に比べて十分小さな正の値をもつ定数である.塑性変形している領域では $\bar{\sigma}_e$ は $\bar{\sigma}$ とほぼ同じ値をもつ.式(2.31)と式(2.42)の相当応力を用いると,式(2.30)の汎関数はつぎのように表される.

$$\Phi = \int_V \frac{1}{m+1} \bar{\sigma} \dot{\bar{\varepsilon}}^* dV + \int_{S_f} |\tau_f| |\Delta v| dS - \int_{S_t} T_i v_i dS \tag{2.43}$$

$$\dot{\bar{\varepsilon}}^* = \sqrt{\dot{\bar{\varepsilon}}^2 + e^2}$$

$\dot{\bar{\varepsilon}}^*$ は非変形域においても 0 でないため,汎関数の最小化に困難を生じさせなくなる.

図 **2.10** に示すように,式(2.43)はひずみ速度の小さい領域で相当応力の値

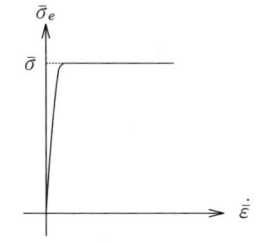

図 2.10 ひずみ速度の小さい
領域での相当応力の減少

を減少させる働きがある。ひずみ速度が小さい領域は実際には弾性変形域と考えられ，この領域の変形抵抗を減少させることによって近似的な弾性変形の応力が計算できる。すなわち，式(2.42)を式(2.20)の $\bar{\sigma}$ に代入すると，近似的な応力が得られ，式(2.20)の $\dot{\bar{\varepsilon}}$ が $\dot{\bar{\varepsilon}}^*$ に置き換わる。ただし，この応力は釣合い式を満たしているが，弾性変形におけるフックの法則には従っていない。

2.4.3　収束の判定条件

剛塑性 FEM では，汎関数の最小化によって解を求めているが，得られた解が正解であるかはわからない。汎関数の変化率によって収束の判定を行っているものもあるが，これだけでは汎関数が最小になっているかはわからない。そこで，汎関数の変化率のほかに，得られた解が釣合い条件を満たしているかも収束の判定にする[6]。

式(2.19)より，計算された応力から節点力を計算する。節点における不釣合い節点力 $\varDelta P_i$ は，その節点を含む要素の節点力を加え合わせることによって求まる。

$$\varDelta P_i = \sqrt{\left(\sum_{j=1}^{nel} P_{xij} - F_{xi}\right)^2 + \left(\sum_{j=1}^{nel} P_{yij} - F_{yi}\right)^2 + \left(\sum_{j=1}^{nel} P_{zij} - F_{zi}\right)^2}$$

(2.44)

ここで，F_{xi}, F_{yi}, F_{zi} は表面力であり，物体内部では 0 である。また，n_{el} は節点 i を含む要素の数である。$\varDelta P_i$ が 0 のとき，その節点における釣合いが満足されている。すべての節点における不釣合い量を表す尺度として，不釣合い応力 $\varDelta \sigma$ をつぎのように定義する。

$$\Delta\sigma = \frac{1}{n_p A_a}\sum_{l=1}^{n_p}\Delta P_l \tag{2.45}$$

ここで，n_p は全節点数であり，A_a は要素を構成する辺の平均面積である。この値が相当応力と比較して十分小さいとき，解は収束しているものとする。通常，相当応力の 1/10 000 以下になったとき，解は収束しているものとしている。

2.5 特殊な解析法

2.5.1 近似三次元解析法

剛塑性 FEM は，変形段階ごとに応力が直接計算されるため，変形を近似しても解の収束性が低下しにくい。また，プログラミングが比較的簡単なため，専用のシミュレータを開発しやすい傾向にある。剛塑性 FEM では，特定の加工を対象とした近似三次元解析法が提案されている。幅広がりを考慮した厚板圧延，エッジング圧延の近似三次元要素が提案されている[7]。

近似三次元解析法としては，**一般化平面ひずみ近似**（generalized plane-strain approximation）がよく用いられている。一般化平面ひずみでは，軸方向に均一に変形すると仮定する。**図 2.11** は孔型圧延の一般化平面ひずみモデリングを示したものである[8]。ロールと同じ断面形状をもつ金型による鍛造加工に近似し，圧延方向に均一変形を仮定すると，軸方向の垂直ひずみ速度は次式で表される。

$$\dot{\varepsilon}_z = \frac{v_z}{L_z} \tag{2.46}$$

ここで，L_z はロールと接触している圧下部の長さである。v_z は変形領域の軸方向の速度であり，入側の面の速度を 0 としたときの出側の面の速度である。

鍛造加工において幅方向にほぼ均一に変形する場合は式(2.46)を導入するだけでよいが，圧延加工ではロール入口から素材が徐々に圧下されるため，軸方向のせん断変形を受ける。この影響を考慮するために，軸方向のせん断ひずみ

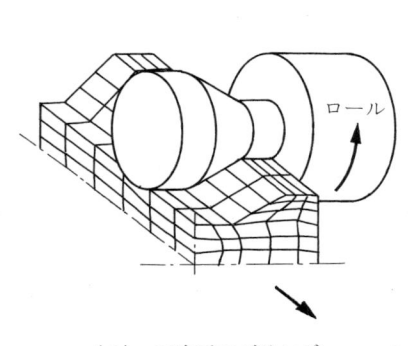

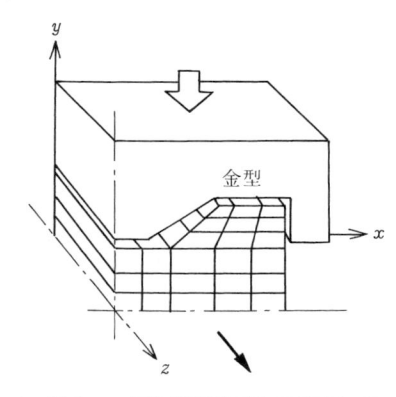

(a) 三次元モデリング　　　　　(b) 一般化平面ひずみモデリング

図 2.11 一般化平面ひずみによる近似三次元解析

速度は断面における速度変化から次式で近似される。

$$\dot{\gamma}_{yz} = \frac{2v_y}{L_z}, \quad \dot{\gamma}_{zx} = \frac{2v_x}{L_z} \tag{2.47}$$

せん断変形のための長さは L_z から0まで変化するため，その平均値 $L_z/2$ を用いている．式(2.46)と式(2.47)のひずみ速度を相当ひずみ速度の中に入れ，汎関数を最小にすることによって解を求める．

　一般化平面ひずみ解析法では，変数としては，平面ひずみ変形のものに軸方向速度が一つ加わるだけであり，二次元問題とほぼ同じ計算時間である．また，要素分割は断面内だけであり，境界条件の取扱いも単純である．

2.5.2　大規模三次元解析法

　バルク加工のシミュレーションでは，クランクシャフトやコネクティングロッドの鍛造加工のように複雑な三次元変形をシミュレーションしたいという要求が強まっている．三次元シミュレーションでは，計算時間が非常に長くなり，計算時間の短縮が大きな課題となっている．

　有限要素シミュレーションの計算時間はつぎのように大きく分けることができる．

1) 要素剛性マトリックスを計算して全体剛性マトリックスの組立て
2) 連立方程式の解法
3) 接触離脱などの判定
4) そのほかの処理

二次元問題では，節点数が比較的少なく1)と2)の占める割合は同程度であるが，大規模な三次元問題では2)の連立方程式を解くための時間の割合が圧倒的に大きくなる。そのため，剛性方程式をいかに速く解くかが計算効率向上の鍵となる。

〔1〕 **計算の並列化**　一つの方法としては，多数のCPUを同時に使用する**並列計算**（parallel processing）が挙げられる。ネットワークでコンピュータを多数結合させて並列マシンにするPVM（parallel virtual machine），MPI（message passing interface）が開発されている。また，安価なパソコンをネットワークで結合させるPCクラスタも開発されている。

図 2.12 に領域分割法を用いた並列計算を示す[9]。解析領域を分割し，それぞれの領域内の計算をそれぞれの子CPUで，また複数の領域にまたがる部分の計算は子CPUからの情報を受けて親CPUが計算するという手法である。CPUが多くなるほど，すなわち領域を細かく分割するほど個々の領域の計算

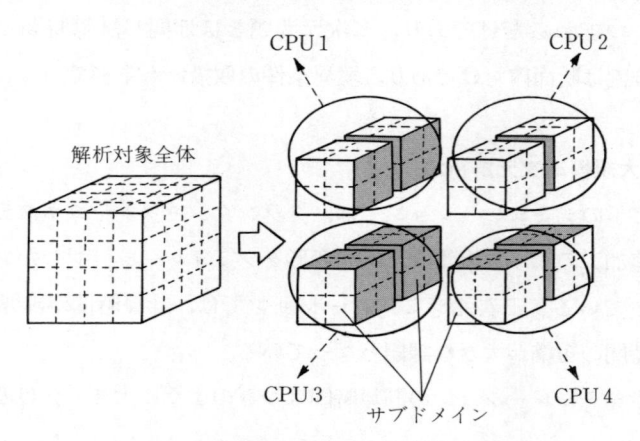

図 2.12　領域分割法を用いた並列計算

2.5 特殊な解析法

は速くなるが，親CPUとの間の通信などのオーバヘッドも増大するため，速度向上には限界がある．しかしながら，領域分割の仕方，ネットワーク性能の向上などにより，計算速度をさらに引き上げることは可能である．

〔2〕 **対角マトリックスを用いる方法** 剛性方程式全体を一度に解くのではなく，図 2.13 に示すように節点ごとに力の釣合い方程式を解析的に解くことを繰り返し行う方法が，**対角マトリックス**（diagonal matrix）を用いた三次元剛塑性FEMであり，大規模なシミュレーションにおいて計算時間を短縮することができる[10]．

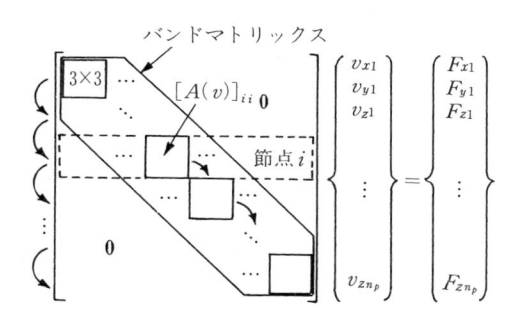

図 2.13 剛性方程式と対角マトリックス（吉村英徳，森謙一郎，小坂田宏造：対角マトリックスを用いた3次元剛塑性有限要素法，塑性と加工，**40**, 464, pp.885〜889 (1999) のFig.1 より転載）

剛塑性FEMでは，式(2.29)に示すように剛性方程式はつぎのように表される．

$$[A(v)]\{v\} = \{F(v)\} \tag{2.48}$$

$$[A] = \int_V [B]^T [D(v)][B] dV$$

ここで，$[B]$ はひずみ速度と節点速度の関係を表すマトリックス，$\{v\}$ は節点速度ベクトル，$\{F(v)\}$ は素材内部で0，素材表面で節点外力になるベクトルである．$[D(v)]$ は応力とひずみ速度の関係を表すマトリックスである．

本解析法では，式(2.48)を線形化し，連立方程式を繰返し解くのではなく，

式(2.48)の非線形連立方程式を直接反復解法で解く。式(2.48)より，節点 i における x, y, z の3方向の釣合い式は次式のようになる。

$$[A(v)]_i\{v\} = \{F(v)\}_i \tag{2.49}$$

ここで，$[A(v)]_i$ は3行 $3n_p$ 列のマトリックスであり，n_p は節点数である。節点速度の初期値 $\{v_0\}$ に対して式(2.49)を満たすような速度を求めるため，節点 i に対してだけ速度修正量 $\{\varDelta v\}_i$ を導入する。

$$\{v\} = \{v_0\} + \{\varDelta v\}_i \tag{2.50}$$

$$\{\varDelta v\}_i = \{\varDelta v_{xi}, \varDelta v_{yi}, \varDelta v_{zi}\}^T$$

ここで，$\{\varDelta v\}_i$ は節点 i だけに速度修正量をもち，その他の係数は 0 である。式(2.49)の $\{v\}$ に式(2.50)を代入すると次式が得られる。

$$[A(v_0)]_{ii}\{\varDelta v\}_i = -\{\varDelta P_0\}_i \tag{2.51}$$

$$\{\varDelta P_0\}_i = [A(v_0)]_i\{v_0\} - \{F(v_0)\}_i$$

ここで，$[A(v_0)]_{ii}$ は節点 i に対応する3行3列の0ではない係数をもつマトリックスである。式(2.51)は3行3列の連立方程式であり解析的に解くことができ，$\{\varDelta v\}_i$ が求まる。式(2.51)を節点ごとに解いて節点速度を修正し，しかもすべての節点力が釣り合うまで反復する。$\{\varDelta P_0\}_i$ は節点 i における不釣合い節点力であり，プログラム上では $[A(v_0)]_i$ を作成して計算するのではなく，節点速度の初期値 $\{v_0\}$ に対して節点 i 回りの要素の節点力を加え合わせることによって求められる。このとき，$\{v_0\}$ には節点 i より以前に解かれた節点速度は修正された値を用い，図2.13に示される剛性マトリックの対角の $[A(v)]_{ii}$ は，節点ごとに更新される。

本解析法は，線形連立方程式の反復解法であるガウス・ザイデル（Gauss-Seidel）法を非線形連立方程式に拡張したものに近い。この方法では，剛性方程式全体を対象に解く必要がなく，剛性方程式を解く時間は節点数の約 1.5 乗に比例するため，大規模な三次元解析に適している。

3. 弾塑性有限要素法の定式化

3.1 弾塑性構成式

3.1.1 微小変形と有限変形

　固体の変形は，ひずみや変位の大小によって**微小変形**（infinite deformation）と**有限変形**（finite deformation）（大変形）に分けられる。ひずみも変位も小さい変形を微小変形と呼び，変位の大きな変形を有限変形と呼ぶ。ひずみは小さいが変位は大きい変形，例えば細くて長い片持ばりの端点に力を作用させた場合などの変形は，特別に大たわみ変形と呼ばれて分けられることもあるが，一般には有限変形に含められる。塑性加工の大部分，とりわけバルク加工は有限変形である。

　また，変形は微小であると仮定し，時間増分間の物体の形状変化や剛体回転は無視できるとする理論を微小変形理論，有限変形を仮定して剛体回転などを厳密に考慮する理論を有限変形理論と呼ぶ。

　剛塑性有限要素法では，構成式が偏差応力 σ' とひずみ速度 $\dot{\varepsilon}$ の関係になるが，2章で述べられたように，各変形ステップごとにひずみ速度 $\dot{\varepsilon}$ から応力 σ が直接求められる。したがって，微小変形理論を用いて有限変形を解析しても，誤差の蓄積による解析精度の低下はほとんどない。詳細は後述するが，弾塑性有限要素法では，構成式が応力速度 $\dot{\sigma}$ とひずみ速度 $\dot{\varepsilon}$ の関係になり，応力は応力増分の足し合わせで求めるため，増分間の剛体回転に対する取扱いに厳密性が要求される。したがって，弾塑性有限要素法を用いて塑性加工のよう

な大変形問題を解析する際は,有限変形理論で定式化されたものを用いる必要がある.

本章では,有限変形理論に基づいた弾塑性有限要素法の定式化について説明する.

3.1.2 速度こう配,ストレッチングおよびスピン

弾塑性解析では,ある時刻での物体の状態を基準にして,それに対する物体の相対的な状態変化を解析する.図3.1 に示すように,(1)変形解析の初期状態 t_0,(2)ある時刻 t,それから,(3)微小時間 $\varDelta t$ 経過後の時刻 $t + \varDelta t$,の状態の三つを考える.

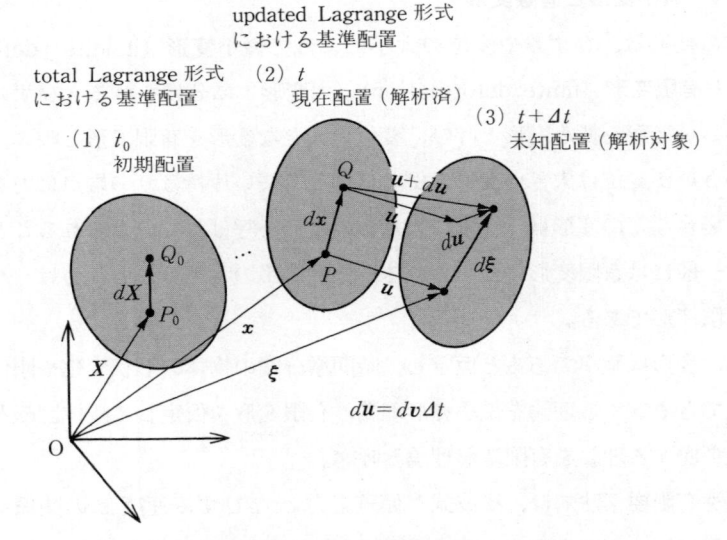

図3.1 物体の運動と配置

基準配置(reference configuration)における物体中のある点とその近傍を結ぶ微小線素 dX が**現在配置**(current configuration)において dx になったとき,dX から dx への線形変換行列を**変形こう配テンソル**(deformation gradient tensor)F と呼ぶ.

3.1 弾塑性構成式

$$\begin{Bmatrix} dx \\ dy \\ dz \end{Bmatrix} = \begin{bmatrix} \frac{\partial x}{\partial X} & \frac{\partial x}{\partial Y} & \frac{\partial x}{\partial Z} \\ \frac{\partial y}{\partial X} & \frac{\partial y}{\partial Y} & \frac{\partial y}{\partial Z} \\ \frac{\partial z}{\partial X} & \frac{\partial z}{\partial Y} & \frac{\partial z}{\partial Z} \end{bmatrix} \begin{Bmatrix} dX \\ dY \\ dZ \end{Bmatrix} \equiv [F] \begin{Bmatrix} dX \\ dY \\ dZ \end{Bmatrix} \tag{3.1}$$

基準配置と現在配置が等しい場合は当然ながら $\boldsymbol{F} = \boldsymbol{I}$ ($\boldsymbol{I}$ は単位テンソル) である。

時刻 t における微小線素 P-Q の両端の点の速度差 $d\boldsymbol{v}$ を $d\boldsymbol{x}$ で表すと

$$\begin{Bmatrix} dv_x \\ dv_y \\ dv_z \end{Bmatrix} = \begin{bmatrix} \frac{\partial v_x}{\partial x} & \frac{\partial v_x}{\partial y} & \frac{\partial v_x}{\partial z} \\ \frac{\partial v_y}{\partial x} & \frac{\partial v_y}{\partial y} & \frac{\partial v_y}{\partial z} \\ \frac{\partial v_z}{\partial x} & \frac{\partial v_z}{\partial y} & \frac{\partial v_z}{\partial z} \end{bmatrix} \begin{Bmatrix} dx \\ dy \\ dz \end{Bmatrix} \equiv [L] \begin{Bmatrix} dx \\ dy \\ dz \end{Bmatrix} \tag{3.2}$$

ここで，L は現在配置における**速度こう配テンソル**（velocity gradient tensor）と呼ばれ，つぎのように**ストレッチングテンソル**（stretching tensor）$\boldsymbol{D}$ と**連続体スピンテンソル**（continuum spin tensor）$\boldsymbol{W}$ に分解される。

$$\begin{bmatrix} \frac{\partial v_x}{\partial x} & \frac{\partial v_x}{\partial y} & \frac{\partial v_x}{\partial z} \\ \frac{\partial v_y}{\partial x} & \frac{\partial v_y}{\partial y} & \frac{\partial v_y}{\partial z} \\ \frac{\partial v_z}{\partial x} & \frac{\partial v_z}{\partial y} & \frac{\partial v_z}{\partial z} \end{bmatrix} = \begin{bmatrix} \frac{\partial v_x}{\partial x} & \frac{1}{2}\left(\frac{\partial v_x}{\partial y} + \frac{\partial v_y}{\partial x}\right) & \frac{1}{2}\left(\frac{\partial v_x}{\partial z} + \frac{\partial v_z}{\partial x}\right) \\ & \frac{\partial v_y}{\partial y} & \frac{1}{2}\left(\frac{\partial v_y}{\partial z} + \frac{\partial v_z}{\partial y}\right) \\ \text{Sym.} & & \frac{\partial v_z}{\partial z} \end{bmatrix}$$

$$+ \begin{bmatrix} 0 & \frac{1}{2}\left(\frac{\partial v_x}{\partial y} - \frac{\partial v_y}{\partial x}\right) & \frac{1}{2}\left(\frac{\partial v_x}{\partial z} - \frac{\partial v_z}{\partial x}\right) \\ \frac{1}{2}\left(\frac{\partial v_y}{\partial x} - \frac{\partial v_x}{\partial y}\right) & 0 & \frac{1}{2}\left(\frac{\partial v_y}{\partial z} - \frac{\partial v_z}{\partial y}\right) \\ \frac{1}{2}\left(\frac{\partial v_z}{\partial x} - \frac{\partial v_x}{\partial z}\right) & \frac{1}{2}\left(\frac{\partial v_z}{\partial y} - \frac{\partial v_y}{\partial z}\right) & 0 \end{bmatrix}$$

$$\equiv \begin{bmatrix} D_{xx} & D_{xy} & D_{xz} \\ & D_{yy} & D_{yz} \\ \text{Sym.} & & D_{zz} \end{bmatrix} + \begin{bmatrix} 0 & \omega_{xy} & -\omega_{zx} \\ -\omega_{xy} & 0 & \omega_{yz} \\ \omega_{zx} & -\omega_{yz} & 0 \end{bmatrix}$$

$$= [D] + [W] \tag{3.3}$$

ここで，Sym は，成分が対称になっていることを意味する。

速度こう配テンソルは物体内の速度場のこう配を表しており，式(3.3)はそれが剛体回転を除いた純粋なひずみ速度（ストレッチング）と剛体回転速度（連続体スピン）に分解できることを示している。ストレッチングテンソルは，式の上では見かけ上，微小変形理論のひずみ速度テンソルと同じ形になる。全ひずみはストレッチングを時間積分することで求められるが，変形中に主ひずみ方向が変化すると正確な値でなくなることに注意する。相当ひずみはスカラなので，相当塑性ひずみ速度をそのまま時間積分して求めても正確である。

3.1.3 応　　力

図 3.1 の t の状態まで解析が終了していて，これから $t + \Delta t$ の状態を求める場合を考える。

図 3.2 のように，時刻 t において面積 dS に $d\boldsymbol{P}$ なる表面力が作用しているものとする。その状態から表面力が変化して $d\boldsymbol{p}$ になったとすると，その間に物体も変形して時刻 $t + \Delta t$ で $d\boldsymbol{p}$ と釣り合う。

コーシー（Cauchy）応力 $\boldsymbol{\sigma}$ は，物体の配置と力の作用している時刻が同じ

$$\boldsymbol{\Pi}^T \cdot \boldsymbol{N} = \frac{d\boldsymbol{p}}{dS} \qquad \boldsymbol{\sigma}^T \cdot \boldsymbol{n} = \frac{d\boldsymbol{p}}{ds}$$

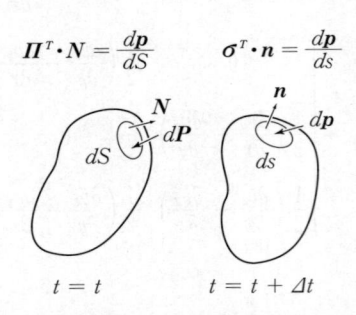

図 3.2　真応力と公称応力の概念図

場合において定義される応力であり,真応力とも呼ばれる。例えば,$t + \Delta t$ における真応力 $\boldsymbol{\sigma}$ は,面 ds の法線方向ベクトル $\boldsymbol{n}$ を用いて次式のように定義される。

$$\boldsymbol{\sigma}^T \cdot \boldsymbol{n} = \frac{d\boldsymbol{p}}{ds} \tag{3.4}$$

第1種 Piola-Kirchhoff 応力 $\boldsymbol{\Pi}$ は,$d\boldsymbol{p}$ を t の物体の状態に平行移動させ,その力を t における面積 dS で除して得られる応力で,公称応力とも呼ばれる。$t + \Delta t$ における公称応力は次式のように定義される。

$$\boldsymbol{\Pi}^T \cdot \boldsymbol{N} = \frac{d\boldsymbol{p}}{dS} \tag{3.5}$$

ここで,$\boldsymbol{N}$ は dS の法線方向ベクトルである。また,公称応力 $\boldsymbol{\Pi}$ と真応力 $\boldsymbol{\sigma}$ の関係は以下のようになる。

$$\boldsymbol{\Pi} = \boldsymbol{F}^{-1} J \boldsymbol{\sigma} \tag{3.6}$$

ここで,J は Δt 間の体積変化を意味し,$J = \det \boldsymbol{F}$ である。$\Delta t = 0$,すなわち基準配置と現在配置が等しいときは $\boldsymbol{F} = \boldsymbol{I}$,$J = 1$ であるから,$\boldsymbol{\Pi}$ は対称になるが,一般には対称でないことに注意する。

最近の有限変形理論の定式化では,キルヒホッフ (Kirchhoff) 応力[†] $\boldsymbol{\tau}$ が用いられることがある。キルヒホッフ応力は体積変化のみを考慮した公称応力で,$\boldsymbol{\tau} = J\boldsymbol{\sigma}$ と表されるが,本書では $J = 1$,$\dot{J} = 0$ を仮定し,$\boldsymbol{\tau} = \boldsymbol{\sigma}$,$\dot{\boldsymbol{\tau}} = \dot{\boldsymbol{\sigma}}$ として,キルヒホッフ応力はコーシー応力として扱う。

3.1.4 客観性のある応力速度

力を受けている物体がその状態を維持しながら剛体回転だけをした場合,その物体の物理的な状態はなんら変化しない。しかし,応力,ひずみなどは座標系に依存する物理量であり,空間に固定した座標系から観測すれば,剛体回転前の値と剛体回転後の値は見かけ上変化する。すなわち,空間固定の座標系か

[†] Y.C. ファン[1]の教科書で用いられているキルヒホッフ応力とは異なるので注意されたい。

ら見た回転前後の値の差をその間の増分とみなすと，有限の増分が発生することになり，増分形（速度形）の構成式を考えるうえで望ましくない．観測する座標系の運動に依存しない応力速度は**客観性のある応力速度**（objective stress rate）と呼ばれ，弾塑性構成式は，客観性のある応力速度とストレッチングの関係式で表される．

客観性のあるテンソルの速度としては，Jaumann速度，Green-Naghdi速度，Oldroyd速度，Cotter-Rivlin速度などが提案されており，応力との組合せにより多数の客観性のある応力速度が定義できる．なかでも，Jaumann速度は応力不変量の停留性という重要な要請を満足するため，最も標準的とされている．例えば，コーシー応力のJaumann速度 $\overset{\circ}{\sigma}$ は，空間固定の座標系から観測される応力速度 $\dot{\sigma}$ を用いて以下のように表される．

$$\begin{aligned}
\overset{\circ}{\sigma}_x &= \dot{\sigma}_x + 2(\omega_{zx}\tau_{zx} - \omega_{xy}\tau_{xy}), \\
\overset{\circ}{\sigma}_y &= \dot{\sigma}_y + 2(\omega_{xy}\tau_{xy} - \omega_{yz}\tau_{yz}), \\
\overset{\circ}{\sigma}_z &= \dot{\sigma}_z + 2(\omega_{yz}\tau_{yz} - \omega_{zx}\tau_{zx}), \\
\overset{\circ}{\tau}_{xy} &= \dot{\tau}_{xy} + \omega_{xy}(\sigma_x - \sigma_y) - \omega_{yz}\tau_{zx} + \omega_{zx}\tau_{yz}, \\
\overset{\circ}{\tau}_{yz} &= \dot{\tau}_{yz} + \omega_{yz}(\sigma_y - \sigma_z) - \omega_{zx}\tau_{xy} + \omega_{xy}\tau_{zx}, \\
\overset{\circ}{\tau}_{zx} &= \dot{\tau}_{zx} + \omega_{zx}(\sigma_z - \sigma_x) - \omega_{xy}\tau_{yz} + \omega_{yz}\tau_{xy}
\end{aligned} \tag{3.7}$$

ここで，$\boldsymbol{\omega}$ は式(3.3)の連続体スピンである．この式の物理的な意味は以下のように考えると理解しやすい．まず，基準配置における応力テンソルを $\boldsymbol{\sigma}$ とする．その応力が剛体回転 $\boldsymbol{R}$ を受けて，現在配置において $\boldsymbol{\sigma}^\theta$ になったとすると

$$[\sigma^\theta] = [R]^T[\sigma][R] \tag{3.8}$$

物質時間微分をとると

$$[\dot{\sigma}^\theta] = [\dot{R}]^T[\sigma][R] + [R]^T[\dot{\sigma}][R] + [R]^T[\sigma][\dot{R}] \tag{3.9}$$

ここで，回転角速度 $\dot{\boldsymbol{R}}$ は存在するが，現在配置は基準配置に一致している瞬間を考えると，$\boldsymbol{R} = \boldsymbol{I}$ だから，以下のようになる．

$$[\dot{\sigma}^\theta] = [\dot{\sigma}] + [\dot{R}]^T[\sigma] + [\sigma][\dot{R}] \tag{3.10}$$

ここで，回転角速度マトリックス $[\dot{R}]$ は以下のように表せる。

$$[\dot{R}] = \dot{R}_{ij} = \begin{bmatrix} 0 & \omega_{xy} & -\omega_{zx} \\ -\omega_{xy} & 0 & \omega_{yz} \\ \omega_{zx} & -\omega_{yz} & 0 \end{bmatrix} \quad (3.11)$$

ここで，例えば ω_{yz} は x 軸周りの回転角速度である。したがって，式(3.10)を成分表示すれば，次式のようになる。

$$\begin{bmatrix} \dot{\sigma}_x^\theta & \dot{\tau}_{xy}^\theta & \dot{\tau}_{xz}^\theta \\ \dot{\tau}_{yx}^\theta & \dot{\sigma}_y^\theta & \dot{\tau}_{yz}^\theta \\ \dot{\tau}_{zx}^\theta & \dot{\tau}_{zy}^\theta & \dot{\sigma}_z^\theta \end{bmatrix} = \begin{bmatrix} \dot{\sigma}_x & \dot{\tau}_{xy} & \dot{\tau}_{xz} \\ \dot{\tau}_{yx} & \dot{\sigma}_y & \dot{\tau}_{yz} \\ \dot{\tau}_{zx} & \dot{\tau}_{zy} & \dot{\sigma}_z \end{bmatrix} + \begin{bmatrix} 0 & -\omega_{xy} & \omega_{zx} \\ \omega_{xy} & 0 & -\omega_{yz} \\ -\omega_{zx} & \omega_{yz} & 0 \end{bmatrix} \begin{bmatrix} \sigma_x & \tau_{xy} & \tau_{xz} \\ \tau_{yx} & \sigma_y & \tau_{yz} \\ \tau_{zx} & \tau_{zy} & \sigma_z \end{bmatrix}$$

$$+ \begin{bmatrix} \sigma_x & \tau_{xy} & \tau_{xz} \\ \tau_{yx} & \sigma_y & \tau_{yz} \\ \tau_{zx} & \tau_{zy} & \sigma_z \end{bmatrix} \begin{bmatrix} 0 & \omega_{xy} & -\omega_{zx} \\ -\omega_{xy} & 0 & \omega_{yz} \\ \omega_{zx} & -\omega_{yz} & 0 \end{bmatrix} \quad (3.12)$$

上式を展開すれば，式(3.7)に一致する。$\overset{\circ}{\sigma}^\theta$ がすなわち $\overset{\circ}{\sigma}$ の意味するところである。なお，実際に市販されている汎用有限要素法コードでは Jaumann 速度以外の客観速度を採用している例も多いが，これは移動硬化塑性体を仮定して背応力の客観速度に Jaumann 速度を用いると，単純せん断させた場合に応力の振動という非現実的な応答をする[2]ためと考えられる。詳細は省略するが，式(3.7)の ω として，要素の幾何学的変形特性に基づいたスピンを採用した応力速度，例えば Green-Naghdi 速度[3]などを用いれば，上記の応力の振動問題は回避できる[4]。

3.1.5　応力速度-ひずみ速度関係式

微小変形の場合，ひずみ速度は弾性のひずみ速度 $\dot{\varepsilon}^e$ と塑性のひずみ速度 $\dot{\varepsilon}^p$ の和として次式のように表される[†]。

$$\dot{\varepsilon} = \dot{\varepsilon}^e + \dot{\varepsilon}^p \quad (3.13)$$

---
† 平面ひずみ問題では $\dot{\varepsilon}_z = 0$ が仮定されるが，一般に $\dot{\varepsilon}_z^e \neq 0$ であり，それによって $\dot{\varepsilon}_z^p = -\dot{\varepsilon}_z^e$ という塑性ひずみ速度が発生することになる。この点は剛塑性有限要素法の平面ひずみ解析の場合（$\dot{\varepsilon}_z = \dot{\varepsilon}_z^p = 0$）と異なるので注意されたい。

有限変形における弾塑性分解は，Lee によってその幾何学的意味が明確にされており[5]，弾性変形が微小であると仮定できる場合は，微小変形の場合と同じく式(3.13)のように分解でき，$\dot{\varepsilon}$ をひずみ速度からストレッチングへ読み替える。式(3.3)ではストレッチングを D で表したが，以降は $\dot{\varepsilon}$, $\dot{\gamma}$ を用いることにする。

フックの法則で表される弾性構成式の速度形は次式のようになる。

$$\left.\begin{aligned}
\dot{\varepsilon}_x{}^e &= \frac{1}{E}\{\dot{\sigma}_x - \nu(\dot{\sigma}_y + \dot{\sigma}_z)\} \\
\dot{\varepsilon}_y{}^e &= \frac{1}{E}\{\dot{\sigma}_y - \nu(\dot{\sigma}_z + \dot{\sigma}_x)\} \\
\dot{\varepsilon}_z{}^e &= \frac{1}{E}\{\dot{\sigma}_z - \nu(\dot{\sigma}_x + \dot{\sigma}_y)\} \\
\dot{\gamma}_{xy}{}^e &= \frac{\dot{\tau}_{xy}}{G}, \quad \dot{\gamma}_{yz}{}^e = \frac{\dot{\tau}_{yz}}{G}, \quad \dot{\gamma}_{zx}{}^e = \frac{\dot{\tau}_{zx}}{G}
\end{aligned}\right\} \tag{3.14}$$

ここで，G は**横弾性係数** (shear modulus) であり，$G = E/2(1+\nu)$ である。

バルク加工では，反転負荷が起きたり，異方性が問題になることはほとんどないので，塑性構成式としては，初期等方性かつ等方硬化を仮定した古典的なミーゼスの降伏関数を用いてもほぼ差し支えない。ミーゼスの降伏関数を塑性ポテンシャルとし，垂直則を適用すれば，塑性構成式としてレビー・ミーゼスの式（2章の式(2.8)）が得られる。再掲すれば

$$\left.\begin{aligned}
\dot{\varepsilon}_x{}^p &= \frac{3}{2}\frac{\dot{\bar{\varepsilon}}^p}{\bar{\sigma}}\left\{\sigma_x - \frac{1}{2}(\sigma_y + \sigma_z)\right\} \\
\dot{\varepsilon}_y{}^p &= \frac{3}{2}\frac{\dot{\bar{\varepsilon}}^p}{\bar{\sigma}}\left\{\sigma_y - \frac{1}{2}(\sigma_z + \sigma_x)\right\} \\
\dot{\varepsilon}_z{}^p &= \frac{3}{2}\frac{\dot{\bar{\varepsilon}}^p}{\bar{\sigma}}\left\{\sigma_z - \frac{1}{2}(\sigma_x + \sigma_y)\right\} \\
\dot{\gamma}_{xy}{}^p &= \frac{9}{2}\frac{\dot{\bar{\varepsilon}}^p}{\bar{\sigma}}\tau_{xy}, \quad \dot{\gamma}_{yz}{}^p = \frac{9}{2}\frac{\dot{\bar{\varepsilon}}^p}{\bar{\sigma}}\tau_{yz}, \quad \dot{\gamma}_{zx}{}^p = \frac{9}{2}\frac{\dot{\bar{\varepsilon}}^p}{\bar{\sigma}}\tau_{zx}
\end{aligned}\right\} \tag{3.15}$$

したがって，式(3.14)と式(3.15)を式(3.13)に代入すると，**プラントル・ロイ**

3.1 弾塑性構成式

ス (Prandtl-Reuss) **の式**と呼ばれる弾塑性構成式が得られる.

$$\left.\begin{aligned}
\dot{\varepsilon}_x &= \frac{1}{E}\{\dot{\sigma}_x - \nu(\dot{\sigma}_y + \dot{\sigma}_z)\} + \frac{3}{2}\frac{\dot{\bar{\varepsilon}}^p}{\bar{\sigma}}\left\{\sigma_x - \frac{1}{2}(\sigma_y + \sigma_z)\right\} \\
\dot{\varepsilon}_y &= \frac{1}{E}\{\dot{\sigma}_y - \nu(\dot{\sigma}_z + \dot{\sigma}_x)\} + \frac{3}{2}\frac{\dot{\bar{\varepsilon}}^p}{\bar{\sigma}}\left\{\sigma_y - \frac{1}{2}(\sigma_z + \sigma_x)\right\} \\
\dot{\varepsilon}_z &= \frac{1}{E}\{\dot{\sigma}_z - \nu(\dot{\sigma}_x + \dot{\sigma}_y)\} + \frac{3}{2}\frac{\dot{\bar{\varepsilon}}^p}{\bar{\sigma}}\left\{\sigma_z - \frac{1}{2}(\sigma_x + \sigma_y)\right\} \\
\dot{\gamma}_{xy} &= \frac{\dot{\tau}_{xy}}{G} + \frac{9}{2}\frac{\dot{\bar{\varepsilon}}^p}{\bar{\sigma}}\tau_{xy} \\
\dot{\gamma}_{yz} &= \frac{\dot{\tau}_{yz}}{G} + \frac{9}{2}\frac{\dot{\bar{\varepsilon}}^p}{\bar{\sigma}}\tau_{yz} \\
\dot{\gamma}_{zx} &= \frac{\dot{\tau}_{zx}}{G} + \frac{9}{2}\frac{\dot{\bar{\varepsilon}}^p}{\bar{\sigma}}\tau_{zx}
\end{aligned}\right\} \quad (3.16)$$

式(3.16)はひずみ速度を応力と応力速度の関数として表した式であるが,変位法に基づいた有限要素法の定式化では,応力速度を応力とひずみ速度の関数として表した式,すなわち式(3.16)の逆関係式が必要になる.有限変形理論における式(3.16)の逆関係式の具体形は,客観性のある応力速度とストレッチングを結び付ける式としてつぎのように表される.

$$\{\overset{\circ}{\sigma}\} = [D^{ep}]\{\dot{\varepsilon}\} \tag{3.17}$$
$$[D^{ep}] = [D^e] - [D^p] \tag{3.18}$$

ただし

$$[D^e] = \frac{2G}{1-2\nu}\begin{bmatrix} 1-\nu & \nu & \nu & 0 & 0 & 0 \\ \nu & 1-\nu & \nu & 0 & 0 & 0 \\ \nu & \nu & 1-\nu & 0 & 0 & 0 \\ 0 & 0 & 0 & 1-2\nu & 0 & 0 \\ 0 & 0 & 0 & 0 & 1-2\nu & 0 \\ 0 & 0 & 0 & 0 & 0 & 1-2\nu \end{bmatrix} \tag{3.19}$$

$$[D^p] = \frac{9G^2}{(3G+H')\bar{\sigma}^2} \begin{bmatrix} \sigma_x'^2 & \sigma_x'\sigma_y' & \sigma_x'\sigma_z' & \sigma_x'\tau_{xy} & \sigma_x'\tau_{yz} & \sigma_x'\tau_{zx} \\ \sigma_x'\sigma_y' & \sigma_y'^2 & \sigma_y'\sigma_z' & \sigma_y'\tau_{xy} & \sigma_y'\tau_{yz} & \sigma_y'\tau_{zx} \\ \sigma_x'\sigma_z' & \sigma_y'\sigma_z' & \sigma_z'^2 & \sigma_z'\tau_{xy} & \sigma_z'\tau_{yz} & \sigma_z'\tau_{zx} \\ \sigma_x'\tau_{xy} & \sigma_y'\tau_{xy} & \sigma_z'\tau_{xy} & \tau_{xy}^2 & \tau_{xy}\tau_{yz} & \tau_{xy}\tau_{zx} \\ \sigma_x'\tau_{yz} & \sigma_y'\tau_{yz} & \sigma_z'\tau_{yz} & \tau_{xy}\tau_{yz} & \tau_{yz}^2 & \tau_{yz}\tau_{zx} \\ \sigma_x'\tau_{zx} & \sigma_y'\tau_{zx} & \sigma_z'\tau_{zx} & \tau_{xy}\tau_{zx} & \tau_{yz}\tau_{zx} & \tau_{zx}^2 \end{bmatrix}$$
(3.20)

ここで，H' は**硬化係数**(tangent modulus)と呼ばれ，変形抵抗曲線の傾き($H' \equiv d\bar{\sigma}/d\bar{\varepsilon}^p$)を意味する．

3.1.6 静的陽解法と静的陰解法

弾塑性問題の静的な解析手法としては**静的陽解法**(static explicit method)と**静的陰解法**(static implicit method)という2種類の方法がある．塑性域における応力-ひずみ関係は非線形であるが，ある瞬間に着目すれば，応力速度-ひずみ速度関係式はその瞬間における応力を媒介として式(3.17)～(3.20)のように表現される．このとき，ある瞬間として増分開始点，すなわち時刻 t を考え，この時刻での諸量（節点座標，応力値など）を用いて接線剛性マトリックスを作成し，解を求める方法を静的陽解法と呼ぶ．静的陽解法では，増分終点，すなわち時刻 $t + \mathit{\Delta} t$ の応力を前進オイラー(Euler)型の時間積分を用いて次式のように求める．

$$\boldsymbol{\sigma}^{t+\mathit{\Delta} t} = \boldsymbol{\sigma}^t + \dot{\boldsymbol{\sigma}}\mathit{\Delta} t \tag{3.21}$$

ここで，物理量の右上に記された添字はその物理量が定義されている時刻を表す．例えば，$\boldsymbol{\sigma}^{t+\mathit{\Delta} t}$ は，$t + \mathit{\Delta} t$ における応力成分を表すものとする．

これに対し，時刻 $t + \mathit{\Delta} t$ での諸量を用いて接線剛性マトリックスを作成し，解を求める方法を静的陰解法と呼ぶ．静的陰解法の応力速度-ひずみ速度関係式中に現れる応力は，$\boldsymbol{\sigma}^t$ ではなく $\boldsymbol{\sigma}^{t+\mathit{\Delta} t}$ とするので，増分開始時点では未知の値であり，剛性方程式は陽な形では表現されなくなる．したがって，剛

性方程式の解を得るには,反復を伴った陰的なスキームが必要となる。定式化の厳密性からいうと静的陰解法のほうがより正確であり,市販の弾塑性有限要素法コード,とりわけ欧米のコードに静的陰解法を採用したものが多い。静的陰解法は静的陽解法に比較すると大きな時間増分をとることができるが,時間積分に収束計算を伴うので,解の発散の可能性を含んでおり,これが弱点の一つとなっている。一方,静的陽解法はわが国を中心として発展してきた手法であり,理論上 Δt を無限小と考えているので,実際の時間増分もかなり小さくとらなければならないため,計算時間が長くなるが,収束計算を伴わないので必ず解が得られるという大きな利点がある。

3.2 静的陽解法

3.2.1 updated Lagrange 形式の速度形仮想仕事の原理

再度,図3.1の,(1)初期状態 t_0,(2) t の状態,(3) $t + \Delta t$ の状態,の三つの時刻を考えてみる。時刻 t を基準配置とし,そこから $t + \Delta t$ への変形を計算し,次ステップでは新しく得られた形状を基準配置に更新する。これをステップごとに繰り返しながら解析を進める方法は **updated Lagrange 形式** と呼ばれる。一方,基準配置をつねに t_0 として解析する方法は **total Lagrange 形式** と呼ばれる。現在のほとんどの弾塑性有限要素法では updated Lagrange 形式が採用されている。以下では,updated Lagrange 形式を基礎とした定式化について説明する。

弾塑性体は構成式が速度形で表されているので,仮想仕事の原理も速度形で表現されなければならない。微小変形理論の場合,仮想仕事の原理を考える際のすべての物理量の時刻は一致しているとしてよいので,応力としては真応力を用いる。一方,有限変形理論では,物体の形状は増分開始時,すなわち t におけるものが既知であり,物体表面に作用する力は増分終点,すなわち $t + \Delta t$ における値が既知であるため,両者の時刻に差がある。したがって,応力は公称応力で考える。いま,公称応力の速度 $\dot{\Pi}$ が単位面積当りに作用する外

力の変化速度 $\dot{\boldsymbol{T}}$ を用いて，以下のように表されるものとする．

$$d\boldsymbol{p} - d\boldsymbol{P} = \dot{\boldsymbol{T}}\Delta t dS \equiv \dot{\boldsymbol{\Pi}} \boldsymbol{N} \Delta t dS \tag{3.22}$$

すると，有限変形理論に基づいた速度形の仮想仕事の原理は，公称応力速度を用いて次式のように表される．

$$\int_V \dot{\Pi}_{ji}\delta L_{ij} dV = \int_S \dot{T}_i \delta v_i dS \tag{3.23}$$

なお，物体力に関する項は無視している．

前節で示したように，弾塑性構成式は真応力の客観速度とストレッチングの関係なので，式(3.23)を真応力の客観速度で表記し直す必要がある．いま，真応力の客観速度としてコーシー応力の Jaumann 速度を考えると，コーシー応力 $\boldsymbol{\sigma}$ と公称応力 $\boldsymbol{\Pi}$ の関係は式(3.6)で表されるが，変形ステップ間での体積変化がないものとすれば，$J = 1$ なので

$$\sigma_{ij} = F_{ik}\Pi_{kj} \tag{3.24}$$

また，updated Lagrange 形式では基準配置が現在配置（図 3.1 の(2)）になるから，$\boldsymbol{F} = \boldsymbol{I}$ である．よって，式(3.24)の物質時間微分は次式のように展開できる．

$$\dot{\sigma}_{ij} = \dot{F}_{ik}\Pi_{kj} + F_{ik}\dot{\Pi}_{kj} = L_{ik}\Pi_{kj} + \dot{\Pi}_{ij} = L_{ik}\sigma_{kj} + \dot{\Pi}_{ij}$$
$$\therefore \quad \dot{\Pi}_{ij} = \dot{\sigma}_{ij} - L_{ik}\sigma_{kj} \tag{3.25}$$

また，コーシー応力の物質時間微分と Jaumann 速度の間には式(3.7)の関係があるから，それを式(3.25)に代入すると，次式のように公称応力速度とコーシー応力の Jaumann 速度の関係式が得られる．

$$\begin{aligned}\dot{\Pi}_{ij} &= \overset{\circ}{\sigma}_{ij} + \omega_{ik}\sigma_{kj} - \sigma_{ik}\omega_{kj} - L_{ik}\sigma_{kj} = \overset{\circ}{\sigma}_{ij} - \dot{\varepsilon}_{ik}\sigma_{kj} - \sigma_{ik}\omega_{kj}\\ &= \overset{\circ}{\sigma}_{ij} - \dot{\varepsilon}_{ik}\sigma_{kj} + \sigma_{ik}\omega_{jk} = \overset{\circ}{\sigma}_{ij} - \dot{\varepsilon}_{ik}\sigma_{kj} + \sigma_{ik}L_{jk} - \sigma_{ik}\dot{\varepsilon}_{jk}\\ &= \overset{\circ}{\sigma}_{ij} - \sigma_{kj}\dot{\varepsilon}_{ik} - \sigma_{ik}\dot{\varepsilon}_{kj} + \sigma_{ik}L_{jk}\end{aligned} \tag{3.26}$$

式(3.26)を式(3.23)に代入すると次式が得られる．

$$\int_V \{(\overset{\circ}{\sigma}_{ij} - \sigma_{kj}\dot{\varepsilon}_{ik} - \sigma_{ik}\dot{\varepsilon}_{kj})\delta\dot{\varepsilon}_{ij} + \sigma_{jk}L_{ik}\delta L_{ij}\}dV = \int_S \dot{T}_i \delta v_i dS$$

$$\tag{3.27}$$

ここで

$$[F] = \begin{bmatrix} 2\sigma_x & 0 & 0 & \tau_{xy} & 0 & \tau_{zx} \\ & 2\sigma_y & 0 & \tau_{xy} & \tau_{yz} & 0 \\ & & 2\sigma_z & 0 & \tau_{yz} & \tau_{zx} \\ & & & \frac{1}{2}(\sigma_x + \sigma_y) & \frac{1}{2}\tau_{xz} & \frac{1}{2}\tau_{yz} \\ & \text{Sym.} & & & \frac{1}{2}(\sigma_y + \sigma_z) & \frac{1}{2}\tau_{xy} \\ & & & & & \frac{1}{2}(\sigma_z + \sigma_x) \end{bmatrix}$$

(3.28)

$$[Q] = \begin{bmatrix} \sigma_x & 0 & 0 & \tau_{xy} & \tau_{xz} & 0 & 0 & 0 \\ & \sigma_y & 0 & 0 & 0 & \tau_{yx} & \tau_{yz} & 0 & 0 \\ & & \sigma_z & 0 & 0 & 0 & 0 & \tau_{zx} & \tau_{zy} \\ & & & \sigma_y & \tau_{yz} & 0 & 0 & 0 & 0 \\ & & & & \sigma_z & 0 & 0 & 0 & 0 \\ & \text{Sym.} & & & & \sigma_x & \tau_{xz} & 0 & 0 \\ & & & & & & \sigma_z & 0 & 0 \\ & & & & & & & \sigma_x & \tau_{xy} \\ & & & & & & & & \sigma_y \end{bmatrix}$$

(3.29)

とおくと

$$\int_V \left\{ \{\delta\dot{\varepsilon}\}^T([D^e] - [D^p] - [F])\{\dot{\varepsilon}\} + \{\delta L\}^T[Q]\{L\} \right\} dV$$
$$= \int_S \{\delta v\}^T \{\dot{T}\} dS \qquad (3.30)$$

さらに，$\{\delta\dot{\varepsilon}\} = [B]\{\delta v\}$，$\{\delta L\} = [E]\{\delta v\}$ とおけるとすると，次式が得られる。

$$\{\delta v\}^T \int_V \left\{ [B]^T([D^e] - [D^p] - [F])\{\dot{\varepsilon}\} + [E]^T[Q]\{L\} \right\} dV = \{\delta v\}^T\{\dot{p}\}$$

(3.31)

ただし，$\int_S \{\dot{T}\} dS = \{\dot{p}\}$ とした．

式(3.31)より，次式で示される剛性方程式が得られる．

$$\{\dot{p}\} = \int_V \{[B]^T([D^e] - [D^p] - [F])[B] + [E]^T[Q][E]\} dV\{v\}$$
$$\equiv [K]\{v\} \tag{3.32}$$

$$[B] = \begin{bmatrix} \dfrac{\partial N_1}{\partial x} & 0 & 0 & \dfrac{\partial N_2}{\partial x} & \cdots \\ 0 & \dfrac{\partial N_1}{\partial y} & 0 & 0 & \cdots \\ 0 & 0 & \dfrac{\partial N_1}{\partial z} & 0 & \cdots \\ \dfrac{\partial N_1}{\partial y} & \dfrac{\partial N_1}{\partial x} & 0 & \dfrac{\partial N_2}{\partial y} & \cdots \\ 0 & \dfrac{\partial N_1}{\partial z} & \dfrac{\partial N_1}{\partial y} & 0 & \cdots \\ \dfrac{\partial N_1}{\partial z} & 0 & \dfrac{\partial N_1}{\partial x} & 0 & \cdots \end{bmatrix}, \quad [E] = \begin{bmatrix} \dfrac{\partial N_1}{\partial x} & 0 & 0 & \dfrac{\partial N_2}{\partial x} & \cdots \\ 0 & \dfrac{\partial N_1}{\partial y} & 0 & 0 & \cdots \\ 0 & 0 & \dfrac{\partial N_1}{\partial z} & 0 & \cdots \\ \dfrac{\partial N_1}{\partial y} & 0 & 0 & \dfrac{\partial N_2}{\partial y} & \cdots \\ \dfrac{\partial N_1}{\partial z} & 0 & 0 & \dfrac{\partial N_2}{\partial z} & \cdots \\ 0 & \dfrac{\partial N_1}{\partial x} & 0 & 0 & \cdots \\ 0 & \dfrac{\partial N_1}{\partial z} & 0 & 0 & \cdots \\ 0 & 0 & \dfrac{\partial N_1}{\partial x} & 0 & \cdots \\ 0 & 0 & \dfrac{\partial N_1}{\partial y} & 0 & \cdots \end{bmatrix}$$
$$\tag{3.33}$$

ここに N_i は要素の形状関数である．

3.2.2 r-min 法

図 3.3 に静的陽解法による弾塑性有限要素法のフローチャートを示す．増分計算のための反復ループがあることと，その時間増分を動的に制御するスキームが含まれていることを除けば，弾性有限要素法の場合とほぼ同様のフローチャートとなる．なお，1回の増分計算内のひずみ増分量や剛体回転角などに制

3.2 静的陽解法　45

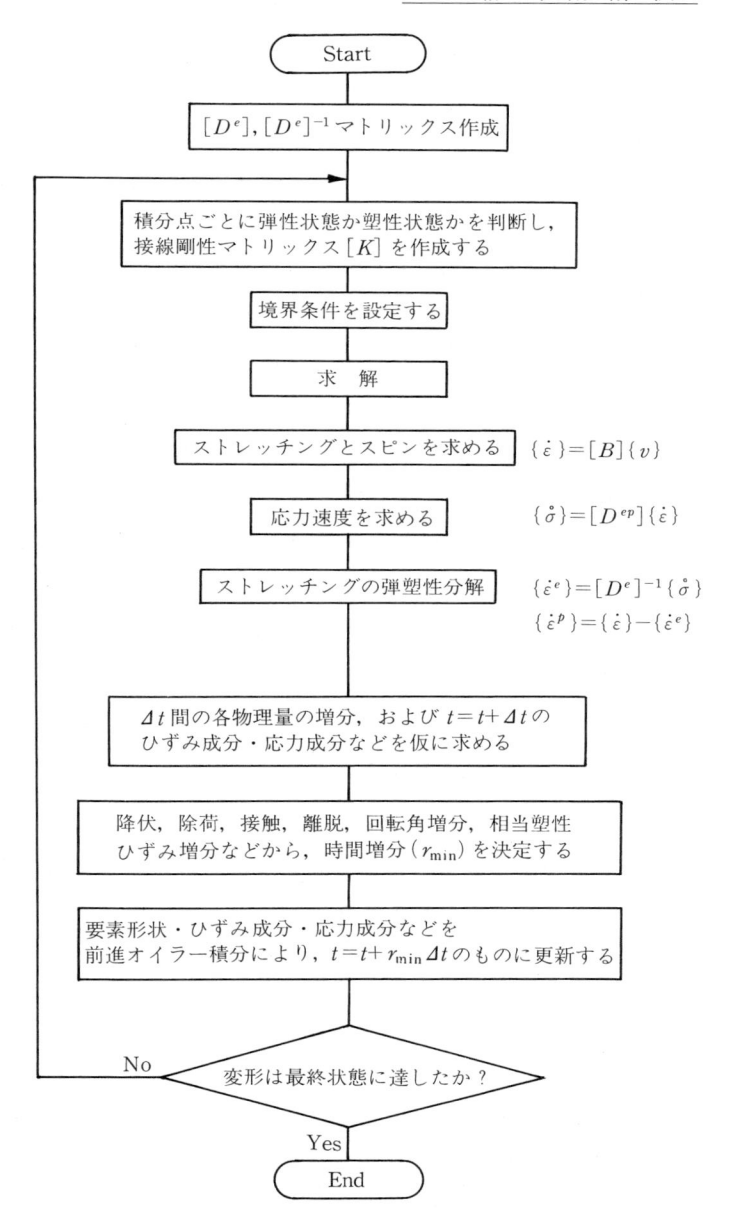

```
Start
  │
[D^e], [D^e]^{-1} マトリックス作成
  │
→ 積分点ごとに弾性状態か塑性状態かを判断し，
  接線剛性マトリックス [K] を作成する
  │
  境界条件を設定する
  │
  求　解
  │
  ストレッチングとスピンを求める    $\{\dot{\varepsilon}\} = [B]\{v\}$
  │
  応力速度を求める              $\{\overset{\circ}{\sigma}\} = [D^{ep}]\{\dot{\varepsilon}\}$
  │
  ストレッチングの弾塑性分解      $\{\dot{\varepsilon}^e\} = [D^e]^{-1}\{\overset{\circ}{\sigma}\}$
                              $\{\dot{\varepsilon}^p\} = \{\dot{\varepsilon}\} - \{\dot{\varepsilon}^e\}$
  │
  Δt 間の各物理量の増分，および t=t+Δt の
  ひずみ成分・応力成分などを仮に求める
  │
  降伏，除荷，接触，離脱，回転角増分，相当塑性
  ひずみ増分などから，時間増分（$r_{min}$）を決定する
  │
  要素形状・ひずみ成分・応力成分などを
  前進オイラー積分により，$t = t + r_{min}\Delta t$ のものに更新する
  │
  ◇ 変形は最終状態に達したか？ ── No → (ループ)
        │ Yes
       End
```

図 3.3　静的陽解法による弾塑性有限要素法のフローチャート

限を設け,すべての積分点のそれらの値や,弾性から塑性,あるいはその逆(除荷)への状態変化などを調べ,最も小さな時間増分を採用することによって時間増分を制御する方法は **r-min 法** と呼ばれる。以下では,おもに弾性から塑性へ遷移するまでの時間増分の決定法と負荷・除荷の判定方法について説明する。

〔1〕 **弾塑性遷移に関する取扱い**　　通常,弾塑性解析を開始する時点ではすべての要素は弾性要素であるが,変形がある程度進むと降伏する要素が現れ始める。降伏した要素はそれ以降,塑性要素として取り扱い,用いる構成式を弾性構成式から弾塑性構成式に変更する。弾性変形から塑性変形への遷移の状態を考えてみると,解析で用いる時間増分は有限であり,ある計算ステップの増分開始時に弾性状態(**図 3.4** の A)であった要素が,増分終了時には降伏条件を破った応力状態(同図 B)になる場合がある。Δt 間の降伏点に到達した瞬間を見つけ出し,つぎのステップの解析はその瞬間を基点として開始する方法,すなわち,時間増分を動的に制御する方法は山田の方法[6]として知られている。ほかに,規定の時間増分後にちょうど応力点が降伏曲面上にのるように,接線剛性を弾性と塑性の間で変化させ,反復計算によって収束させる方法もあり,これは Marcal の方法[7]と呼ばれている。以下に山田の方法の手順を示す。

増分開始時,すなわち時刻 t における応力を右肩に時刻を示す t を付けて σ^t,計算により求められた応力速度を $\dot{\sigma}^t$ と表すと,Δt 間の任意の時点 $t+$

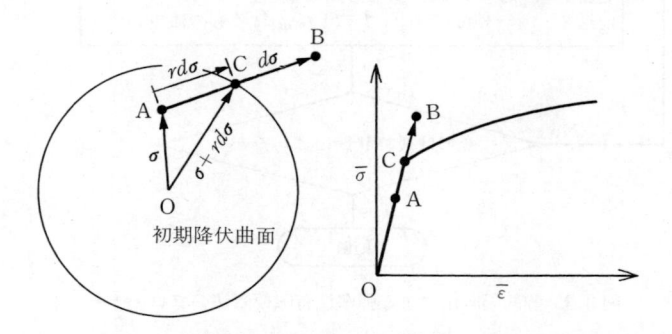

図 3.4　弾性から塑性への遷移時の模式図

3.2 静的陽解法

$r\Delta t$ (ただし, $0 \leq r \leq 1$) の応力は以下のように近似される。

$$\boldsymbol{\sigma}^{t+r\Delta t} = \boldsymbol{\sigma}^t + r\Delta t \dot{\boldsymbol{\sigma}}^t = \boldsymbol{\sigma}^t + rd\boldsymbol{\sigma}^t \tag{3.34}$$

したがって, 降伏した瞬間の r は, この応力を用いて計算された相当応力が降伏応力に等しくなるとして求めればよい。

降伏条件としてミーゼスの降伏条件を仮定すれば

$$\bar{\sigma}^2 = \frac{3}{2}\{(\sigma_x' + rd\sigma_x')^2 + (\sigma_y' + rd\sigma_y')^2 + (\sigma_z' + rd\sigma_z')^2$$
$$+ 2(\tau_{xy} + rd\tau_{xy})^2 + 2(\tau_{zz} + rd\tau_{yz})^2 + 2(\tau_{zx} + rd\tau_{zx})^2\} \tag{3.35}$$

この式は r に関する二次式になっているので, これを解く。すなわち

$$\left. \begin{aligned} r &= \frac{-b \pm \sqrt{b^2 - 4ac}}{2a} \\ a &= \frac{3}{2}\{d\sigma_x'^2 + d\sigma_y'^2 + d\sigma_z'^2 + 2(d\tau_{xy}^2 + d\tau_{yz}^2 + d\tau_{zx}^2)\} \\ b &= 3\{\sigma_x' d\sigma_x'^2 + \sigma_y' d\sigma_y'^2 + \sigma_z' d\sigma_z'^2 + 2(\tau_{xy} d\tau_{xy}^2 + \tau_{yz} d\tau_{yz}^2 + \tau_{zx} d\tau_{zx}^2)\} \\ c &= \frac{3}{2}\{\sigma_x'^2 + \sigma_y'^2 + \sigma_z'^2 + 2(\tau_{xy}^2 + \tau_{yz}^2 + \tau_{zx}^2)\} - \bar{\sigma}^2 \end{aligned} \right\} \tag{3.36}$$

解は二つ得られることになるが, 一つは正, もう一つは負の値になる。正の値が正解の時間増分である。負の値は現在の応力点から $-d\boldsymbol{\sigma}$ の方向へ向かって反対側の降伏曲面に達する時間増分を意味しており, こちらは無視してよい。なお, 現ステップの応力がわずかでも降伏曲面の外側にあると虚数解になるので, 注意が必要である。

〔2〕 **負荷, 除荷の判別**　現ステップで塑性状態にある要素は, 次ステップも引き続き塑性状態にあるのか, 除荷して弾性状態に戻るのかを判断する必要がある。塑性状態にある要素の応力は降伏条件を満足していなければならないので, 塑性ポテンシャル $f(\boldsymbol{\sigma}, \bar{\sigma}) = 0$ であるが, 現時点での f の増分が負であった場合, つぎの瞬間には $f < 0$ となり, 弾性状態となる。したがって, 塑性状態が続くのか, 除荷して弾性状態に戻るかを判断するには, 塑性ポテンシャルの変化率 $\dot{f}$ を用いればよい。

$$\dot{f} = \left\{\frac{\partial f}{\partial \sigma}\right\}^T \{\dot{\sigma}\} + \frac{\partial f}{\partial \bar{\sigma}} \dot{\bar{\sigma}} \tag{3.37}$$

この式は加工硬化による降伏曲面の拡大も含めた式であり，除荷が起こる場合には降伏曲面の拡大はないので，右辺第2項は0である。また，引き続き塑性状態にある場合には**適応の条件**（consistency condition）から $\dot{f} = 0$ が満足されるはずであるが，数値計算ではつねにわずかの誤差が含まれるので，式(3.37)の値が厳密に0になっているかどうかを計算機上で判断するのは困難である。通常は加工硬化を考慮しない次式が正になれば，引き続き塑性状態が維持されるものとして判断する。

$$\dot{f} = \left\{\frac{\partial f}{\partial \sigma}\right\}^T \{\dot{\sigma}\} \tag{3.38}$$

したがって，負荷・除荷どちらも式(3.38)で判断できることになり，まとめると以下のようになる。

$\dot{f} > 0$　負荷

$\dot{f} = 0$　中立負荷

$\dot{f} < 0$　除荷

なお中立負荷とは，降伏曲面が拡大することなく，応力が降伏面上を移動する場合である。

〔3〕 **相当応力の硬化曲線からのずれ**　弾塑性有限要素法では静的陽解法，静的陰解法にかかわらず，増分終点で外力と釣合いが保たれるような式を構築し，それを解いているのであるから，当然，増分終点での釣合いは保たれる。しかし，静的陽解法では増分開始点での諸量を用いて接線剛性マトリックスを構築しているのであるから，式(3.21)で求めた増分終点での応力が降伏条件を満足するとはかぎらない。一般に金属の硬化曲線は，なだらかではあるが上に凸の曲線を描くので，静的陽解法で計算された増分終点での応力点は降伏曲面よりも外側にくる。しかし実際には，計算の結果得られた応力点は降伏曲面上にあるものとして扱い，その際，時間増分 Δt を十分小さくとり，r-min法などで真の降伏曲面からの誤差をごくわずかに抑えるような工夫をする，と

いうのが一般的である。なお，横内らは増分終点での応力を巧妙に降伏曲面上に乗せる手法を提案している[8]。硬化曲線が多直線近似されている場合は，直線の折れ目で接線剛性をつくり変える必要があるものの，直線区間内では線形硬化塑性体とみなすことができ，つねに降伏条件を満足した解が得られる。

3.3 静的陰解法

3.3.1 静的陽解法と静的陰解法の相違

3.1.6項で述べたように，静的陽解法と静的陰解法の見かけ上の相違は，構成式中に現れる相当応力，応力成分などに，増分開始点でのものを用いるか，増分終点でのものを用いるかにある。しかし，両者の本質的な相違は，静的陽解法では増分終点での力の釣合いだけを満足させ，降伏条件が満足されるかどうかは保証しないのに対して，静的陰解法では増分終点で力の釣合いと降伏条件の両方を満足させるところにある。

以下では，静的陰解法の定式化において，静的陽解法で使用した速度形の仮想仕事の原理を用いる方法について説明する。速度形の仮想仕事の原理から導かれた離散化後の剛性方程式は式(3.32)で表される。式(3.32)を再び，以下に示す。

$$\{\dot{p}\} = \int_V \{[B]^T([D^e] - [D^p] - [F])[B] + [E]^T[Q][E]\}dV\{v\}$$
$$\equiv [K]\{v\} \qquad (3.32 \text{再掲})$$

静的陽解法では右辺の $[B]$, $[D^p]$, $[F]$, $[E]$, $[Q]$ はすべて増分開始点の値を用いて計算するので，剛性マトリックス $[K]$ は既知になる。一方，静的陰解法では式(3.32)に時間増分 Δt をかけて，以下のように増分形にした式を使用する。

$$\{\Delta p\} = \int_V \{[B]^T([D^e] - [D^p] - [F])[B] + [E]^T[Q][E]\}dV\{u\}$$
$$= [K]\{u\} \qquad (3.39)$$

ただし，$\{u\} = \{v\}\Delta t$ とした。ここで，$[D^p]$, $[F]$, $[Q]$ は増分終点での値を用いる。すなわち，$[D^p]$, $[F]$, $[Q]$ の中の応力成分は次式で計算する。

$$\sigma = \sigma^{t+\Delta t} = \sigma^t + \Delta\sigma \tag{3.40}$$

なお，$[B]$, $[E]$ は増分開始点のものであることに注意する。これは式(3.39)が公称応力速度を用いた仮想仕事の原理から導出されているためである。静的陰解法では真応力速度と現在配置を用いた仮想仕事の原理をもとに式(3.39)に相当する式を構築し，それを適用することもできるが，その場合には $[E]$, $[Q]$ の項は存在せず，$[B]$ は増分終点のものを用いることになる。

式(3.40)の応力増分 $\Delta\sigma$ の詳細な求め方は3.3.3項で説明するが，剛性方程式を解いた結果得られる値であるから，式(3.39)は非線形方程式となる。非線形方程式は通常，なんらかの反復を伴う手法を用いて解かれるので，正解の値に到達するまでの反復途中の諸量を，反復回数を表す (i) を右肩に付して，例えば応力ならば $\{\sigma^{(i)}\}$ のように書くものとする。すると，反復 i 回目の増分終点での内力ベクトル $\{p^{(i)}\}$ は以下のように表される。

$$\{p^{(i)}\} = \{\bar{p}^t\} + \{\Delta p^{(i)}\} = \{\bar{p}^t\} + [K^{(i)}]\{u^{(i)}\} \tag{3.41}$$

増分終点での既知節点力を $\{\bar{p}^{t+\Delta t}\}$ とすると，$\{p^{(i)}\}$ がほぼ正解に収束していれば，$\{p^{t+\Delta t}\} = \{p^{(i)}\} = \{\bar{p}^{t+\Delta t}\}$ だが，収束途中では $\{p^{t+\Delta t}\}$ と $\{\bar{p}^{t+\Delta t}\}$ は釣り合わない。そこで，その差 $\{R\}$ を次式で定義する。

$$\{R^{(i)}\} \equiv \{\bar{p}^{t+\Delta t}\} - \{p^{t+\Delta t}\} = \{\bar{p}^{t+\Delta t}\} - \{\bar{p}^t\} - [K^{(i)}]\{u^{(i)}\} \tag{3.42}$$

反復によって $\{R\}$ を 0 にすることができれば，静的陰解法の式(3.39)は解けたことになる。

3.3.2 非線形剛性方程式の解法

式(3.39)で示される非線形な接線剛性方程式を解く方法としては，ニュートン・ラフソン法，修正ニュートン・ラフソン法，準ニュートン・ラフソン法（BFGS法[9]，Crisfieldによるその修正版[10]）などがある。ここでは，最も標準的なニュートン・ラフソン法を用いて解く方法について説明する。

スカラ方程式 $g(u) = \bar{p}^{t+\Delta t}$ に対するニュートン・ラフソン法は，**図3.5**に

3.3 静的陰解法

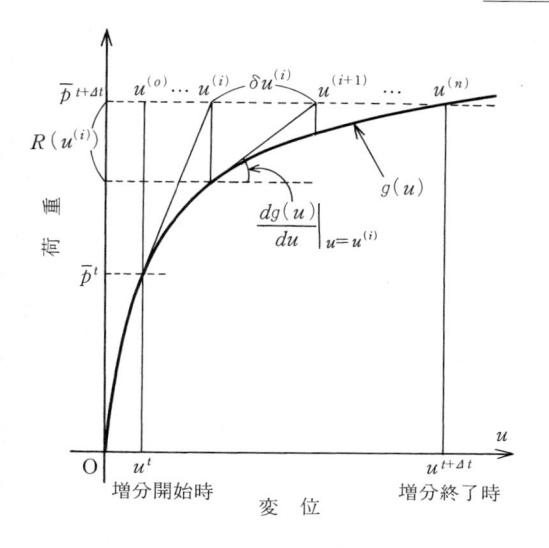

図3.5 ニュートン・ラフソン法の概念図

模式的に示すように，反復 i 回目の残差を $R^{(i)} = \bar{p}^{t+\Delta t} - g(u^{(i)})$ と定義すると

$$\delta u^{(i)} = \frac{R^{(i)}}{\left.\dfrac{dg(u)}{du}\right|_{u=u^{(i)}}}, \quad u^{(i+1)} = u^{(i)} + \delta u^{(i)} \tag{3.43}$$

という反復公式を繰り返すことによって，解を正解に十分近い値に収束させる手法と定義できる．ここに，$\delta u^{(i)}$ は反復 i 回目の解の修正量である．

同様に，連立方程式に対するニュートン・ラフソン法の反復公式は以下のようになる．

$$\{\delta u^{(i)}\} = \left[\left.\frac{\partial g(u)}{\partial u}\right|_{u=u^{(i)}}\right]^{-1}\{R^{(i)}\}, \quad \{u^{(i+1)}\} = \{u^{(i)}\} + \{\delta u^{(i)}\} \tag{3.44}$$

ここで，$\{g(u)\} = \bar{p}^t + [K]\{u\}$ とすれば，式(3.44)は次式になる．

$$\{R^{(i)}\} = [K^{(i)}]\{\delta u^{(i)}\}, \quad \{u^{(i+1)}\} = \{u^{(i)}\} + \{\delta u^{(i)}\} \tag{3.45}$$

したがって，この連立方程式を繰り返し解くことによって，正解のベクトル $\{u\}$ が求められることになる．なお，残差 $\{R^{(i)}\}$ は式(3.42)の定義に一致する．

3.3.3 応 力 積 分

3.3.1項において，増分終点の応力は次式で求めるとした．

$$\sigma^{t+\Delta t} = \sigma^t + \Delta\sigma \tag{3.46}$$

静的陽解法では，この式中の応力増分 $\Delta\sigma$ を剛性方程式を解いて得た $\{v\}$ から

$$\{\dot{\varepsilon}\} = [B]\{v\} \rightarrow \{\overset{\circ}{\sigma}\} = [D^{ep}]\{\dot{\varepsilon}\} \rightarrow \dot{\sigma}_{ij} = \overset{\circ}{\sigma} + \omega_{ik}\sigma_{kj}{}^t - \sigma_{ik}{}^t\omega_{kj}$$
$$\rightarrow \Delta\sigma_{ij} = \dot{\sigma}_{ij}\Delta t \tag{3.47}$$

のように求め，それを式(3.46)に代入して次ステップの増分開始時の応力を得て，次ステップの計算に移行する．一方，静的陰解法では現ステップの計算に $\sigma_{ij}{}^{t+\Delta t}$ が必要となるが，それは式(3.47)の手順で求めるのではなく，増分終点での応力 $\sigma_{ij}{}^{t+\Delta t}$ が降伏曲面上に乗るような応力増分 $\Delta\sigma_{ij}$ を直接求める[11),12)]．具体的な方法としては，文献12)で elastic predictor-radial corrector 法として提案された方法が最も標準的とされており，今日ではこの方法を一般に **radial return 法**と呼んでいる．この方法のスキームは以下のようである．

いま，剛性方程式を解いた結果から，ひずみ増分 $\Delta\varepsilon (= \Delta\varepsilon^e + \Delta\varepsilon^p)$ が求まっているものとする．ここで仮に $\Delta\varepsilon$ が弾性成分だけだと仮定し，その偏差成分 $\Delta\varepsilon'$ に対応した偏差応力増分を $\Delta\sigma'^e$ で定義すると，増分終点における試行的な偏差応力 σ'^{Trial} が以下のように仮定できる．

$$\sigma'^{Trial} = \sigma' + \Delta\sigma'^e = \sigma' + 2G\Delta\varepsilon' \tag{3.48}$$

つぎに，次式を解いて相当塑性ひずみ増分 $\Delta\bar{\varepsilon}^p$ を求める．次式の導出は後述する．

$$\Delta\bar{\varepsilon}^p = \frac{\bar{\sigma}^{Trial} - \bar{\sigma}(\bar{\varepsilon}^p + \Delta\bar{\varepsilon}^p)}{3G} \tag{3.49}$$

$$\bar{\sigma}^{Trial} = \sqrt{\frac{3}{2}\sigma_{ij}'^{Trial}\sigma_{ij}'^{Trial}}$$

非線形硬化塑性体であれば上式は陽な形にならないので，ニュートン・ラフソン法，直接代入法などの反復技法を用いて $\Delta\bar{\varepsilon}^p$ を求めることになる．線形硬化塑性体であれば $\bar{\sigma}(\bar{\varepsilon}^p + \Delta\bar{\varepsilon}^p) = \bar{\sigma}(\bar{\varepsilon}^p) + H'\Delta\bar{\varepsilon}^p$ とできるので，反復することなくただちに $\Delta\bar{\varepsilon}^p$ が得られる．$\Delta\bar{\varepsilon}^p$ が得られたら，次式から $\bar{\sigma}^{t+\Delta t}$ を求

3.3 静的陰解法

める。

$$\bar{\sigma}^{t+\Delta t} = \bar{\sigma}(\bar{\varepsilon}^p + \Delta \bar{\varepsilon}^p) \tag{3.50}$$

さらに次式から $\Delta \lambda$, $\sigma'^{t+\Delta t}$ を求める。

$$\Delta \lambda = \frac{3}{2} \frac{\Delta \bar{\varepsilon}^p}{\bar{\sigma}^{t+\Delta t}} \tag{3.51}$$

$$\sigma'^{t+\Delta t} = \frac{\sigma'^{Trial}}{1 + 2G\Delta \lambda} \tag{3.52}$$

塑性体積一定を考慮すれば，弾塑性変形中の体積変化は弾性ひずみによって発生していることは明白だから，増分終点の静水圧応力 $\sigma_m^{t+\Delta t}$ は次式で計算できる。

$$\sigma_m^{t+\Delta t} = \sigma_m^t + \Delta \sigma_m = \sigma_m^t + \frac{E}{3(1-2\nu)} \Delta \varepsilon_v^e = \sigma_m^t + \frac{E}{3(1-2\nu)} \Delta \varepsilon_{ii} \tag{3.53}$$

したがって，式(3.52)と式(3.53)から次式で増分終点の応力成分を求める。

$$\sigma_{ij}^{t+\Delta t} = \sigma_{ij}'^{t+\Delta t} + \delta_{ij}\sigma_m^{t+\Delta t} \tag{3.54}$$

なお，式(3.49)は以下のようにして導出できる。まず，増分終点の正解の偏差応力 $\sigma'^{t+\Delta t}$ は式(3.48)などを用いて，つぎのように展開できる。

$$\sigma'^{t+\Delta t} = \sigma' + 2G\Delta \boldsymbol{\varepsilon}'^e = \sigma' + 2G(\Delta \boldsymbol{\varepsilon}' - \Delta \boldsymbol{\varepsilon}'^p)$$
$$= \sigma'^{Trial} - 2G\Delta \boldsymbol{\varepsilon}'^p \tag{3.55}$$

したがって

$$\Delta \boldsymbol{\varepsilon}^p = \Delta \lambda \sigma'^{t+\Delta t} = \Delta \lambda (\sigma'^{Trial} - 2G\Delta \boldsymbol{\varepsilon}'^p) \tag{3.56}$$

$\Delta \varepsilon_m^p = \Delta \varepsilon_v^p/3 = 0$ だから $\Delta \boldsymbol{\varepsilon}'^p = \Delta \boldsymbol{\varepsilon}^p$ である。したがって式(3.56)は以下のようになる。

$$\Delta \lambda \sigma_{ij}'^{Trial} = \Delta \varepsilon_{ij}^p (1 + 2G\Delta \lambda) = \Delta \lambda \sigma_{ij}'^{t+\Delta t}(1 + 2G\Delta \lambda) \tag{3.57}$$

$$\therefore \quad \frac{\sigma_{ij}'^{Trial}}{\sigma_{ij}'^{t+\Delta t}} = 1 + 2G\Delta \lambda = 1 + 3G\frac{\Delta \bar{\varepsilon}^p}{\bar{\sigma}^{t+\Delta t}} \tag{3.58}$$

式(3.58)に式(3.50)を代入して，式(3.49)を得る。

式(3.58)から，$\sigma_{ij}'^{Trial}$ と $\sigma_{ij}'^{t+\Delta t}$ の比はスカラとして与えられることがわかる。したがって，radial return 法は**図3.6**に示すように，ひずみ増分を弾性

3. 弾塑性有限要素法の定式化

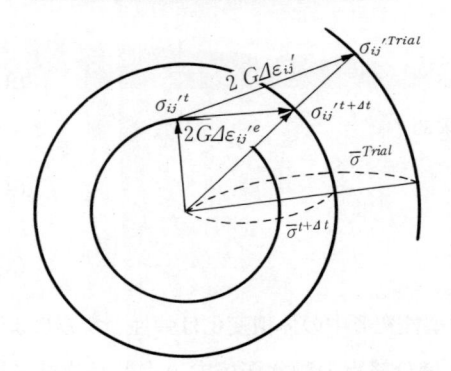

図 3.6 radial return 法の概念図

ひずみ増分と仮定して計算された試行的な応力増分を増分開始時の応力に足し合わせて増分終了時の応力を求め，その応力を降伏曲面の中心方向に向かって降伏曲面上に乗るように引き戻す方法と理解できる。なお，r-min 法（山田の方法）は応力増分をスカラ倍して制御することにより応力点を降伏曲面上に乗せる方法であり，radial return 法とは物理的な意味が異なるので注意する。

最後に，静的陰解法の実際的な運用面での問題について補足しておく。非線形硬化塑性体に対して後退オイラー型の応力積分を行う場合，D^{ep} として通常の式(3.18)～(3.20)をそのまま用いると，ニュートン・ラフソン法の反復において収束が遅いことが知られている。代わりに Simo ら[13]によって提案された接線剛性マトリックスを用いれば，収束性は大きく改善される。これは通常の接線剛性に対して consistent 接線剛性と呼ばれており，静的陰解法コードでは広く使用されている手法である。紙面の都合上，本書では割愛するが，興味ある方は文献 13) を参照されたい。

4. 接触・摩擦の取扱い

4.1 概　　　要

　バルク加工を含むほとんどの塑性加工では，素材は工具と接触することによって力を受け，その接触状態を刻々変化させながら工具に沿うように変形する。工具との接触・摩擦の取扱いは計算結果に大きな影響を及ぼすため，きわめて重要である。本章では，素材と工具の接触・摩擦の数式モデルとFEMへの導入方法について説明する。なお，ここでは工具は素材に比較して十分剛性が高いものと仮定し，移動速度をもつ剛体として取り扱うものとする。変形体どうしの接触については，例えば参考文献 1) などを参照されたい。

4.2　工具の形状表現

　工具を変形体として取り扱う場合には，工具全体を有限要素でモデル化する必要があるが，工具を剛体として取り扱う場合は，表面形状がモデル化できればよい。そのような場合の工具形状の表現方法として最も代表的なものは，（1）三角形あるいは四角形パッチなどの有限要素を用いて表面形状をモデル化する方法，である。そのほかにも，（2）点列で工具表面形状を表現する方法[2]，（3）NURBSなどの滑らかな曲面の接続で表面を表す，あるいはCSGなどのソリッドモデルによって工具全体を立体として表現する[3]といった，多項式や関数表現による方法，も提案されている。各表現方法はそれぞれに特徴

をもっている。(1)の方法は有限要素をそのまま用いるので，どのような形状でもモデル化できるという利点があるが，円弧形状部分をもつ場合などは非常に多くの要素が必要となる。(2)の方法は，x-y 二次元平面内に規則正しく配置された点の z 座標によって形状を表現する方法である。z 座標のみをデータとしてもつので，データ量は(1)の方法に比べて少なくなるが，完全な縦壁を表現できないという問題がある。(3)の方法は，数式表現されているので工具形状の変更が容易でデータ量も少ないといった利点をもつが，一方で，数値誤差により，面あるいはプリミティブの接続部にわずかなすき間ができる可能性が避けられない。

4.3 接 触 処 理

4.3.1 接触・離脱判定

FEM 解析において，ある計算ステップからつぎの計算ステップに移る間で発生する節点と工具の接触状態の変化としては，以下の三つが考えられる。

1) 自由な節点→工具面に接触
2) 工具に接触している節点→別の工具面への乗換え
3) 工具に接触している節点→工具から離脱

1) の状態変化は，据込み加工などでは**フォールディング**（folding）と呼ばれることもある。FEM ではこうした接触状態の変化に伴って境界条件を随時変更しながら解析を進めなければならないため，工具と節点の接触・離脱はつねに判定される必要がある。1) および 2) は節点座標と工具の幾何学的な位置関係によって判定されるのが一般的である。工具表面形状を有限要素でモデル化した場合，要素数が多いと接触判定に多大な時間が費やされるので，効率的な接触探索アルゴリズムが研究されている[4]。また，3) の状態変化は力学的な条件（接触圧力が圧縮から引張りに変わる瞬間）によって判定されることが多いが，後で述べるペナルティ法によって接触を考慮した場合には幾何学的な条件で判定することも可能である。

4.3.2 剛性方程式への導入方法

節点が工具に接触したと判定された以降の「節点が工具面上をすべる」条件を剛性方程式に導入する方法について考える。いま，節点Pが工具面上にあるとし，節点Pの速度をv，工具の速度をVとすると，節点が工具面上をすべる条件は，工具と節点Pの**相対すべり速度**（relative sliding velocity）$\hat{v}$の接触面法線方向成分が0ということである。すなわち

$$\hat{v}\cdot n=0 \quad \text{あるいは} \quad \hat{v}_i n_i=0 \tag{4.1}$$

ここで，nは内向きにとった工具面の法線方向を表すベクトルである。なお，相対すべり速度$\hat{v}$は次式のように表される。

$$\hat{v}=v-V \tag{4.2}$$

式(4.1)で示される拘束条件を剛性方程式に導入する方法としては，（1）速度境界条件として直接的かつ厳密に導入する方法，と，（2）ペナルティ法によって擬似的に満足させる方法，の二つの方法がある。ほかにラグランジュ未定乗数法による方法もあるが，未知数の数が増えるので一般的にはあまり用いられない。

〔1〕 **速度境界条件として処理する方法**　これは式(4.1)の幾何学的拘束条件を厳密に満足させるものである。節点が自由に動き得る場合には節点速度の3成分はすべて独立であるが，工具面上をすべる場合には3成分間に式(4.1)が成り立たなければならないため，独立な成分は二つになる。したがって，この方法は従属成分を消去する方法と考えることもできる。具体的な導入方法はいくつか考えられるが，最も一般的なものはつぎのようなものである。工具面の接線方向をx'，y'，法線方向をz'軸とする局所座標系を導入すると，工具と接触している節点Pの速度v_iは，$x'y'z'$の座標系で表された節点速度v_j'を用いて以下のように書ける。

$$v_i=R_{ij}v_j' \tag{4.3}$$

ここで，R_{ij}は座標変換マトリックスである。

xyz座標系で記述された全体剛性方程式に式(4.3)を導入すると，全体剛性マトリックスの節点Pの係数列が座標変換の影響を受け，剛性マトリックス

が非対称になる。しかし，節点Pの節点力（弾塑性の場合は節点力増分）も $x'y'z'$ 座標系で記述すれば，全体剛性マトリックスの節点Pの係数行が座標変換されるので，剛性マトリックスの対称性は維持できる。また，$x'y'z'$ 座標系で記述された式(4.1)は

$$\hat{v_z'} = 0 \tag{4.4}$$

になるため，$v_z' = V_z'$ という節点速度境界を考慮すればよいことになる。

　節点が工具内に侵入している状態でこの方法を導入すると，その後は工具内につねに節点が侵入し続けた状態になるため，必ず節点が面上に存在する状態で導入されなければならない。すなわち，ある計算ステップにおいて自由に動き得る状態にあった節点が時間増分 Δt 後において工具内に侵入していた場合，節点が工具面上に接触した瞬間を厳密に求め，まずそこまでの時間増分 $r\Delta t\ (0 < r < 1)$ だけ変形を進める。その後，本方法を用いて境界条件を変更し，続きを解析する。

〔2〕 **ペナルティ法によって導入する方法**　前述の方法と同様に，式(4.1)を満足させるだけであれば，ペナルティ係数 a を用いて次式のようなポテンシャル Φ_c をつくって汎関数に加え，汎関数全体を最小化することによってもほぼ同様の解を得ることができる。

$$\Phi_c = a\frac{1}{2}(\hat{\boldsymbol{v}} \cdot \boldsymbol{n})^2 \tag{4.5}$$

この場合，剛性方程式に具体的に付加する項は以下のようになる。

$$\frac{\partial \Phi_c}{\partial v_i} = a\hat{v}_j n_j n_i \tag{4.6}$$

　これは剛性マトリックスの節点Pに関する対角（3×3）成分と剛性方程式の定数ベクトルに対して付加されることになるが，剛性マトリックスの対称性は損なわれない。この方法では，速度境界条件として処理する場合に必要であった剛性マトリックスの節点Pに関する行，列の座標変換を行う必要はない。しかし，節点が必ず工具表面上に存在する状態で導入しなければならないという点は同様である。

4.3 接触処理

これに対し,式(4.5)を工夫すれば,一時的に節点の工具内への侵入を許容し,さらにつぎの計算ステップで,侵入節点に反力を作用させることによって,工具面上に押し戻すという方法に変えることができる。この方法では,接触した瞬間を厳密に求めてそこまで時間を進めるという作業が必要なくなるため,多数の節点が工具と接触する場合には,計算コストの面で前述の場合より有利になる。具体的な導入方法はつぎのようである。節点が工具上にあるときには 0 で,工具内へ侵入した場合は,その侵入量に応じた正の値となる次式のようなパラメータを考える(図 4.1 参照)。

$$h = \{(\boldsymbol{x} + \boldsymbol{v}\varDelta t) - (\boldsymbol{x}^{Tool} + \boldsymbol{V}\varDelta t)\} \cdot \boldsymbol{n} \tag{4.7}$$

ここで,$\boldsymbol{x}$ は節点 P の座標,$\boldsymbol{x}^{Tool}$ は工具面上の 1 点の座標である。それにペナルティ係数を乗じて次式のようなポテンシャルをつくる。

$$\varPhi_c = \alpha \frac{1}{2} h^2 \tag{4.8}$$

この場合,剛性方程式に具体的に付加する項は以下のようになる。

$$\frac{\partial \varPhi_c}{\partial v_i} = \alpha \varDelta t n_i h \tag{4.9}$$

なお,式(4.8)は節点が工具内に侵入したときだけでなく,工具から離脱しても正のポテンシャルを与えるので,節点の離脱判定は不可欠であり,離脱後

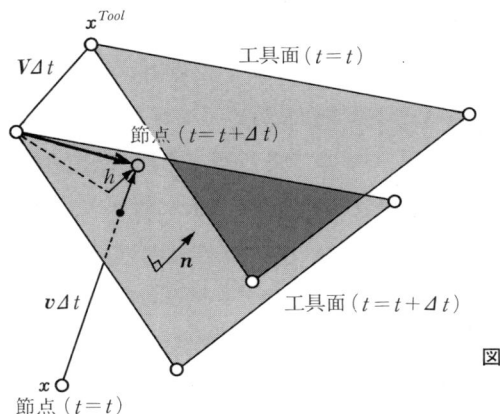

図 4.1 工具内への節点の侵入

は上記のポテンシャルを付加しない工夫が必要となる。式(4.7)の h を用いて次式のような新たなパラメータ h_1 [5]を定義する。

$$h_1 = \frac{h + |h|}{2} \tag{4.10}$$

h_1 は工具内に侵入した場合にのみ正となり，それ以外の場合には0となるので，これをもとにポテンシャルを定義すれば，離脱判定を行う必要はなくなる。

4.4 摩擦の取扱い

前節では工具と素材の接触面で生じる摩擦は考慮せず，工具と接触している節点が工具に侵入することなく変位するための数学的な取扱いについて述べた。しかし実際の塑性加工では，工具と素材の接触面に発生する摩擦は素材の変形に大きな影響を与える。本節では，摩擦の力学モデルと，それを FEM に導入する方法について述べる。

4.4.1 摩擦の力学モデル

摩擦の力学モデルとしては，**クーロン摩擦**（Coulomb friction）モデルと**摩擦せん断**（friction factor）モデルの二つがよく知られている。クーロン摩擦モデルは見かけの接触面積＞真実接触面積となる比較的低い接触面圧の下で成立し，圧力がさらに大きな領域では摩擦せん断モデルが実際に近いとされる。これらは共に非常に単純化されたモデルであるが，それゆえに取扱いが簡単で，ほとんどの FEM コードで採用されている。これに対して，摩擦に影響を与える因子と摩擦力の構成関係を一般化した形で与えて摩擦則を導出する試み[6],[7]も早くから行われてきたが，実際に実験データから摩擦構成モデルを構築し，FEM などの解析に適用された例はあまり多くない[8]。

〔1〕 **クーロン摩擦モデル** クーロン摩擦は，接触点における接触力の接線方向成分 F_T と法線方向成分 F_N の関係を与えるもので，次式のように書く

ことができる。

$$\boldsymbol{F}_T = -\mu|\boldsymbol{F}_N|\boldsymbol{t} \tag{4.11}$$

ここで，μ は**摩擦係数**（friction coefficient）である．$\boldsymbol{t}$ はすべり方向を表すベクトルであり，工具と素材点の接線方向の相対すべり速度を $\widehat{\boldsymbol{v}}_T$ とすると，次式のように書ける．

$$\boldsymbol{t} = \frac{\widehat{\boldsymbol{v}}_T}{|\widehat{\boldsymbol{v}}_T|} \tag{4.12}$$

式(4.11)は，摩擦力の大きさだけを問題にする場合にはつぎのようになる．

$$|\boldsymbol{F}_T| = \mu|\boldsymbol{F}_N| \tag{4.13}$$

クーロン摩擦では $|\boldsymbol{F}_T| < \mu_S|\boldsymbol{F}_N|$ の間は**固着**（stick）状態にあり，$|\boldsymbol{F}_T| = \mu_S|\boldsymbol{F}_N|$ が成立した瞬間に**すべり**（slip）が開始し，すべり発生後は $\boldsymbol{F}_T = -\mu_D|\boldsymbol{F}_N|\boldsymbol{t}$ を満足するものとする．すべりが始まるまでの摩擦係数 μ_S を静摩擦係数，すべりが開始した後の摩擦係数 μ_D を動摩擦係数[†]と呼ぶ．一般に $\mu_S \geqq \mu_D$ なので，摩擦力 $\boldsymbol{F}_T$ と相対すべり速度 $\widehat{\boldsymbol{v}}$ の関係は**図 4.2**(a)に示すように数学的にきわめて不連続となる．これを正確に再現したモデルは stick-slip モデルと呼ばれる．固着状態にある接触節点に関しては，計算後得られた結果が $|\boldsymbol{F}_T| > \mu_S|\boldsymbol{F}_N|$ の場合はすべりに移行させ，すべり状態にある場合は，すべり方向が逆転するか，あるいは相対速度が 0 に十分近い場合に固着に移行させる．この方法では現実に近い解析が期待できるが，場合によっては，**中立点**（neutral point）（すべり方向が逆転する点）付近で固着-すべりが繰り返されて計算が前に進まなくなることがある．

そこで，図(b)に示すように，$\mu_S = \mu_D$ とし，中立点でのステップ関数を次式に代表されるような逆正接によって近似する方法もある．

$$\boldsymbol{F}_T = -\mu|\boldsymbol{F}_N|\frac{2}{\pi}\arctan\left(\frac{\widehat{\boldsymbol{v}}_T}{C}\right)\boldsymbol{t} \tag{4.14}$$

ここで，C は定数である．C が 0 に近づくほど完全な stick-slip モデルに近

[†] 摩擦の状態は，表面粗さ，温度，しゅう動距離などにも依存し，接触摩擦の進行とともに変化する．これは動摩擦係数の変化という形で扱うことができるが，クーロン摩擦では動摩擦係数は一定であると仮定する．

(a) stick-slip摩擦モデル

(b) 近似 stick-slip モデル

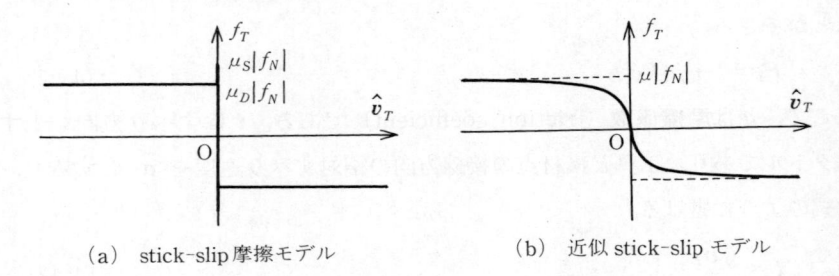

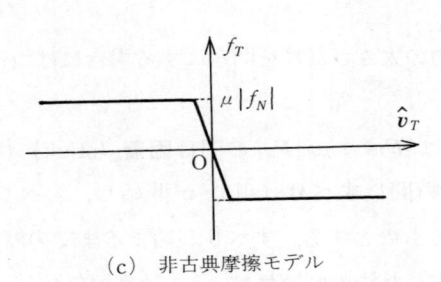

(c) 非古典摩擦モデル

図4.2 摩 擦 モ デ ル

くなる。このモデルでは摩擦力 F_T と相対すべり速度 $\hat{v}$ の関係は数学的に連続であり，完全な stick-slip モデルのような特別な処理が必要なくなるため，解の安定性は向上する。

〔2〕 摩擦せん断モデル

$$F_T = -m'kt = -m'\frac{\bar{\sigma}}{\sqrt{3}}t \tag{4.15}$$

ここで，m' は摩擦せん断係数，k はせん断降伏応力である。このモデルでは，接触部で加工硬化が生じなければ摩擦力は一定になる。取扱いがきわめて簡単であるため，FEMだけでなく，初等解法などでも用いられる。

4.4.2 剛性方程式への導入方法

摩擦力を剛性方程式に導入する方法として，剛塑性 FEM に用いられている定式化としては以下のようなものがある。相対すべり速度の工具面法線方向成分を $\hat{v}_N$，接線方向成分を $\hat{v}_T$ とすると，幾何学的関係から

4.4 摩擦の取扱い

$$\widehat{\boldsymbol{v}}_N = (\widehat{\boldsymbol{v}} \cdot \boldsymbol{n})\boldsymbol{n} \tag{4.16}$$

$$\widehat{\boldsymbol{v}}_T = \widehat{\boldsymbol{v}} - \widehat{\boldsymbol{v}}_N = \widehat{\boldsymbol{v}} - (\widehat{\boldsymbol{v}} \cdot \boldsymbol{n})\boldsymbol{n} \tag{4.17}$$

汎関数を用いた定式化では,摩擦損失の項は正であるため,次式に示すようにそれぞれの成分は絶対値として表される。

$$\Phi_f = \int_{S_f} |\tau_f| |\widehat{\boldsymbol{v}}| dS \tag{4.18}$$

ここで,クーロン摩擦を仮定して $\tau_f = -\mu|\boldsymbol{F}_N|$ とすれば,剛性方程式に具体的に付加する項は,次式のようになる。

$$\frac{\partial \Phi_f}{\partial v_i} = \int_{S_f} \mu|\boldsymbol{F}_N| \frac{\widehat{v}_j}{|\widehat{v}|}(\delta_{ij} - n_i n_j)dS = \int_{S_f} \mu|\boldsymbol{F}_N| \frac{\widehat{v}_i - n_i \widehat{v}_j n_j}{|\widehat{v}|} dS \tag{4.19}$$

なお,接触を前節の速度境界条件として処理する方法で扱うならば,$\widehat{\boldsymbol{v}}_N = 0$ だから $\widehat{v}_j n_j = 0$ である。したがって式(4.19)は次式のようになる。

$$\frac{\partial \Phi_f}{\partial v_i} = \int_{S_f} \mu|\boldsymbol{F}_N| \frac{\widehat{v}_i}{|\widehat{v}|} dS \tag{4.20}$$

ここで,$|\boldsymbol{F}_N|$,$|\widehat{v}|$ として,前ステップ(反復ループの中にある場合には1回前のループ)の計算の結果得られた値を用いることによって,それらを定数とみなせば,式(4.20)は v_i に関して線形化することができる。さらに右辺分子の $\widehat{v}_i$ も前回の値を用いるならば,式(4.20)は定数となる。なお,このとき $|\widehat{v}|$ が0になると解が求まらないので,相対すべり速度に小さな値を加えることによって,中立点付近でも相対すべり速度が0にならない工夫が提案されている[9]。

一方,弾塑性FEMでは,図4.2(c)に示すような弾完全塑性体を模した摩擦モデルを基礎にし,ペナルティ法を用いて剛性方程式に導入する方法[10]が近年採用されつつある。これはつぎのようなものである。まず,$|\boldsymbol{F}_T| < \mu|\boldsymbol{F}_N|$ の状態では,表面の微小な突起の接触によって法線方向と接線方向へ微小な変形が生じるものとする。このとき,相対すべり速度の法線方向および接線方向成分をそれぞれ $\widehat{\boldsymbol{v}}_N{}^e$,$\widehat{\boldsymbol{v}}_T{}^e$,法線方向および接線方向への剛性をそれぞれ a_N,a_T とすると,接触点に作用する力の増分 $\dot{\boldsymbol{F}}$ は,次式のように書くことができ

る。
$$\dot{F}_N = -\alpha_N \hat{v}_N{}^e, \quad \dot{F}_T = -\alpha_T \hat{v}_T{}^e \tag{4.21}$$

つぎに，$F_T = -\mu|F_N|t$ という条件が成立した瞬間から，上記に重畳する形で接線方向へすべりが開始すると考える。すべりが発生している際の接触点における素材と工具の相対速度は，微小変形による法線方向相対速度 $\hat{v}_N{}^e$，接線方向相対速度 $\hat{v}_T{}^e$，およびすべりによる接線方向相対速度 $\hat{v}_T{}^p$ の和として次式のように表される。

$$\hat{v} = \hat{v}^e + \hat{v}^p = \hat{v}_N{}^e + \hat{v}_T{}^e + \hat{v}_T{}^p \tag{4.22}$$

ここで，式(4.16)，(4.17)と同様に，次式が成立する。

$$\hat{v}_N{}^e = (\hat{v}^e \cdot n)n = (\hat{v} \cdot n)n \tag{4.23}$$

$$\hat{v}_T{}^e = \hat{v}^e - \hat{v}_N{}^e = \hat{v}^e - (\hat{v} \cdot n)n \tag{4.24}$$

次式で表されるすべり開始の条件を F の空間に描くと，図4.3のような円錐形の曲面となる。ただし，μ は一定としている。

$$\Phi = |F_T| - \mu|F_N| = 0 \tag{4.25}$$

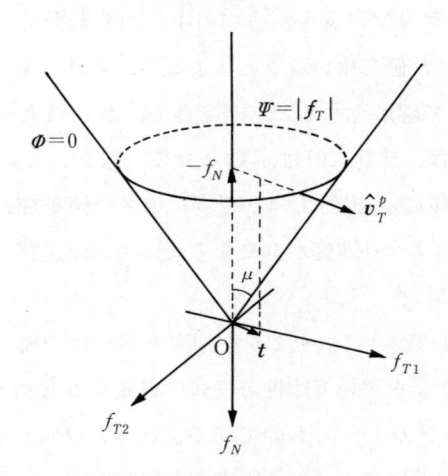

図4.3 すべり開始曲面と相対すべり速度

弾塑性理論における塑性ポテンシャルとの類似性から，この曲面をポテンシャル面と考え，関連流動則を適用したいが，そのまま適用すると法線方向成分が現れる。そこで，次式で示されるポテンシャル Ψ を定義し，関連流動則を

4.4 摩擦の取扱い

適用する。

$$\Psi \equiv |\boldsymbol{F}_T| = \sqrt{\boldsymbol{F}_T{}^2} \tag{4.26}$$

$$\boldsymbol{v}_T{}^p = \dot{\lambda}\frac{\partial \Psi}{\partial \boldsymbol{F}_T} = \dot{\lambda}\frac{\boldsymbol{F}_T}{|\boldsymbol{F}_T|} \tag{4.27}$$

摩擦痕などによるすべりの異方性が存在しない場合は，式(4.26)は円になる。したがって

$$\frac{\boldsymbol{F}_T}{|\boldsymbol{F}_T|} = \frac{\widehat{\boldsymbol{v}}_T}{|\widehat{\boldsymbol{v}}_T|} = \boldsymbol{t} \tag{4.28}$$

すなわち

$$\boldsymbol{v}_T{}^p = \dot{\lambda}\frac{\boldsymbol{F}_T}{|\boldsymbol{F}_T|} = \dot{\lambda}\boldsymbol{t} \tag{4.29}$$

一方，接触力は微小時間増分後も式(4.25)のポテンシャル面上になければならないので，適応の条件から

$$\begin{aligned}\dot{\Phi} &= \boldsymbol{t}\cdot\dot{\boldsymbol{F}}_T - \mu\boldsymbol{n}\cdot\dot{\boldsymbol{F}}_N = \boldsymbol{t}\cdot\{-\alpha_T(\widehat{\boldsymbol{v}}_T - \widehat{\boldsymbol{v}}_T{}^p)\} - \mu\boldsymbol{n}\cdot(-\alpha_N\widehat{\boldsymbol{v}}_N{}^e) \\ &= \boldsymbol{t}\cdot(-\alpha_T(\widehat{\boldsymbol{v}}_T - \dot{\lambda}\boldsymbol{t})) + \mu\boldsymbol{n}\cdot(\alpha_N\widehat{\boldsymbol{v}}_N{}^e) = 0 \end{aligned} \tag{4.30}$$

したがって

$$\dot{\lambda} = \frac{\alpha_T\boldsymbol{t}\cdot\widehat{\boldsymbol{v}}_T - \mu\alpha_N\boldsymbol{n}\cdot\widehat{\boldsymbol{v}}_N{}^e}{\alpha_T} \tag{4.31}$$

式(4.21)に式(4.31)を代入すれば

$$\begin{aligned}\dot{\boldsymbol{F}}_T &= -\alpha_T(\widehat{\boldsymbol{v}}_T - \dot{\lambda}\boldsymbol{t}) = -\alpha_T\widehat{\boldsymbol{v}}_T + (\alpha_T\boldsymbol{t}\cdot\widehat{\boldsymbol{v}}_T - \mu\alpha_N\boldsymbol{n}\cdot\widehat{\boldsymbol{v}}_N)\boldsymbol{t} \\ &= -\alpha_T(\widehat{\boldsymbol{v}} - (\widehat{\boldsymbol{v}}\cdot\boldsymbol{n})\boldsymbol{n}) + \alpha_T(\widehat{\boldsymbol{v}}\cdot\boldsymbol{t})\boldsymbol{t} - \mu\alpha_N(\widehat{\boldsymbol{v}}\cdot\boldsymbol{n})\boldsymbol{t} \end{aligned} \tag{4.32}$$

ここで，摩擦力速度と節点速度の関係を次式のように K_f で表すものとする。

$$\dot{\boldsymbol{F}} = \dot{\boldsymbol{F}}_T + \dot{\boldsymbol{F}}_N \equiv \boldsymbol{K}_f\widehat{\boldsymbol{v}} \tag{4.33}$$

式(4.33)に式(4.21)と式(4.32)を代入すると接線剛性マトリックス $[K_f]$ が得られる。

$$[K_f] = -\alpha_T\begin{bmatrix} 1 - n_x{}^2 - t_x{}^2 & -(n_xn_y + t_xt_y) & -(n_xn_z + t_xt_z) \\ -(n_yn_x + t_yt_x) & 1 - n_y{}^2 - t_y{}^2 & -(n_yn_z + t_yt_z) \\ -(n_zn_x + t_zt_x) & -(n_zn_y + t_zt_y) & 1 - n_z{}^2 - t_z{}^2 \end{bmatrix}$$

$$-\mu a_N \begin{bmatrix} t_x n_x & t_x n_y & t_x n_z \\ t_y n_x & t_y n_y & t_y n_z \\ t_z n_x & t_z n_y & t_z n_z \end{bmatrix} - a_N \begin{bmatrix} n_x^2 & n_x n_y & n_x n_z \\ n_y n_x & n_y^2 & n_y n_z \\ n_z n_x & n_z n_y & n_z^2 \end{bmatrix} \quad (4.34)$$

この接線剛性は，右辺第2項目からわかるように非対称になることに注意する。

5. 定常変形における流線法の定式化

5.1 流線法の概要

　押出し (extrusion)，圧延 (rolling) などのバルク加工では，変形が時間に依存しない定常変形状態が現れる．通常の FEM シミュレーションでは，**微小時間増分** (time increment) に対する**変位増分** (deformation increment) を加算することにより変形を求めて，変形が**定常状態** (steady state) に達するまでこの計算を繰り返す**非定常解析法** (non steady state analysis) が用いられている．しかしながら，非定常解析法で定常変形状態を計算しようとすると，計算時間が長くなり，しかも要素が大きくひずんで要素の**再分割** (remesh) を必要とする場合がある．

　剛塑性 FEM では，定常変形状態のシミュレーション法として，非定常解析法のほかに**流線法** (stream line method)[1)~6)]による**定常解析法** (steady state analysis) がある．図 5.1，図 5.2 に示すように，流線法では流線と相当ひずみ分布を仮定し，それらを**繰返し計算** (iterative method) で収束させる．流線の修正は入口境界から速度分布をたどることによって，相当ひずみ分布はその流線に沿って相当ひずみ速度を積分することによってそれぞれ修正される．通常 5～10 回程度の繰返しで流線や相当ひずみ分布は収束する．定常解析法は，計算時間が短く，かつ要素形状が大きくひずまないという特徴を有しており，定常変形の解析に適している．

　本章では，剛塑性 FEM の流線法について説明し，流線の定式化，流線の積

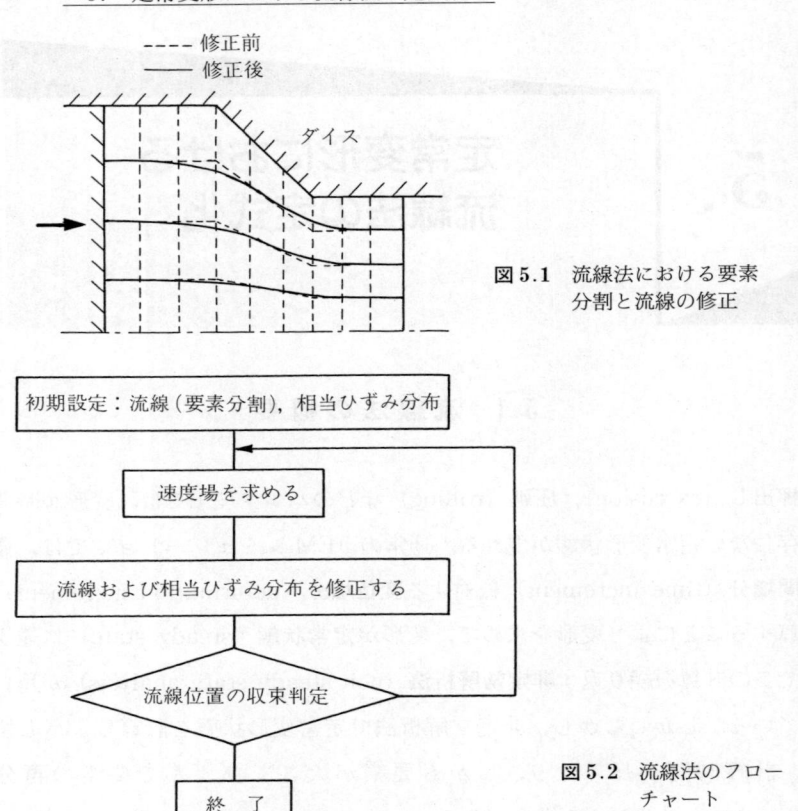

68   5. 定常変形における流線法の定式化

---- 修正前
―― 修正後

ダイス

図 5.1 流線法における要素分割と流線の修正

初期設定：流線（要素分割），相当ひずみ分布

速度場を求める

流線および相当ひずみ分布を修正する

流線位置の収束判定

終 了

図 5.2 流線法のフローチャート

分法（integration rule），さらにはこれらと関連する**非圧縮性**（incompressibility）の取扱いについて述べる。

5.2 流 線 積 分

流線法では，一般に流線に沿って要素分割を行い，繰返し計算において流線を修正し，節点座標を変更する。速度成分を v_x, v_y, v_z，材料の流動方向を x 方向とすると，流線の傾きは次式で表される。

$$\frac{dy}{dx} = \frac{v_y}{v_x}, \quad \frac{dz}{dx} = \frac{v_z}{v_x} \tag{5.1}$$

シミュレーション初期または途中の流線は仮定したものであり，式(5.1)は満たされていない。そこで図5.3で示されるように，速度場が流線に沿うように，式(5.2)を用いて入口境界から流線位置を節点間ごとに修正し，繰返し計算により定常変形の流線を求める。

$$y_i = y_1 + \sum_{i=1}^{n}\int_{x_i}^{x_{i+1}} \frac{v_y}{v_x}dx, \quad z_i = z_1 + \sum_{i=1}^{n}\int_{x_i}^{x_{i+1}} \frac{v_z}{v_x}dx \tag{5.2}$$

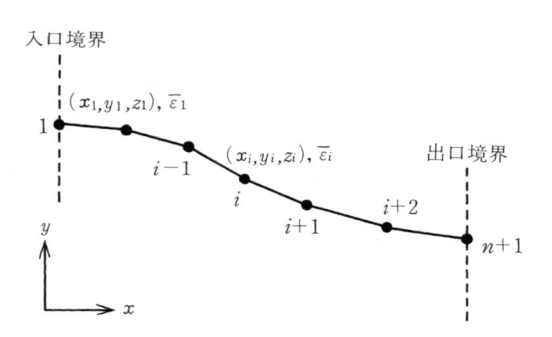

図5.3 流線上の節点

また，相当ひずみはつぎのように修正される。

$$\bar{\varepsilon}_i = \bar{\varepsilon}_1 + \sum_{i=1}^{n}\int_{x_i}^{x_{i+1}} \dot{\bar{\varepsilon}}\frac{dx}{v_x} \tag{5.3}$$

ここで，x_1, y_1, z_1, $\bar{\varepsilon}_1$ は素材の入側境界における流線の始点座標成分および相当ひずみ，x_i, y_i, z_i, $\bar{\varepsilon}_i$ は流線上の節点 i の座標成分および相当ひずみであり，$\dot{\bar{\varepsilon}}$ は相当ひずみ速度である。積分 $\int v_y/v_x dx$ および $\int v_z/v_x dx$（以降，流線積分と呼ぶ），や積分 $\int \dot{\bar{\varepsilon}}(dx/v_x)$ を行う場合，通常次式のように中点での値を用いて**数値積分**（numerical integration）される。

$$\int_{x_i}^{x_{i+1}} \frac{v_y}{v_x}dx = \frac{\dfrac{v_{y,i}+v_{y,i+1}}{2}}{\dfrac{v_{x,i}+v_{x,i+1}}{2}}(x_{i+1}-x_i) \tag{5.4}$$

$$\int_{x_i}^{x_{i+1}} \dot{\bar{\varepsilon}}\frac{dx}{v_x} = \frac{\dfrac{\dot{\bar{\varepsilon}}_i+\dot{\bar{\varepsilon}}_{i+1}}{2}}{\dfrac{v_{x,i}+v_{x,i+1}}{2}}(x_{i+1}-x_i) \tag{5.5}$$

ここで，$\dot{\bar{\varepsilon}}$ は節点 i での相当ひずみ速度であり，適当な方法により要素での相

当ひずみ速度分布から求められる.しかしながら,式(5.4)は流線が満足すべき条件を考慮して積分していないため,次節で説明するような流線積分を実行する必要がある.

5.3 二 次 元 問 題

5.3.1 流 線 の 条 件

平面ひずみ(plane strain),**軸対称問題**(axisymmetric problem)では,一般に**四角形アイソパラメトリック二次元要素**(quadrilateral isoparametric two-dimensional element)が用いられ,図 5.4 に示されるように流線上の局所座標を (t, n) として,流線の接線と法線方向速度を $v_t(t)$, $v_n(t)$ とすると,流線が満足すべき条件は法線方向速度がつねに 0 となることである.

$$v_n(t) \equiv 0 \tag{5.6}$$

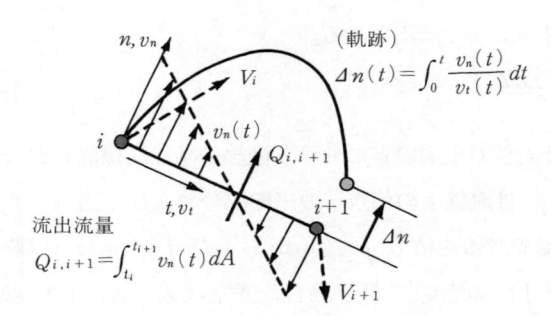

図 5.4 要素辺上での流線の条件

FEM では流線を直線のつながりで近似しており,この条件を厳密に満足させるのは困難である.そこで,流線となる要素辺の法線方向**流量**(volume flow rate) $Q_{i,i+1}$ が 0 となるようにする[7].

$$Q_{i,i+1} = \int_{t_i}^{t_{i+1}} v_n(t) dA = 0 \tag{5.7}$$

ここで,dA は奥行きを考えた要素辺の微小面積である.また,節点 i と $i+1$ が流線上に存在することより,次式が得られる.

$$\Delta n = \int_{x_i}^{x_{i+1}} \frac{v_n(t)}{v_t(t)} dt = 0 \tag{5.8}$$

5.3.2 数値積分の方法

正規座標 $\xi\,(-1 \leq \xi \leq 1)$ および**形状関数** (shape function) $N_i(\xi) = (1-\xi)/2$, $N_{i+1}(\xi) = (1+\xi)/2$ を用いて，要素辺上の値 $\phi(\xi)$ (局所座標 $t(\xi)$ や半径 $r(\xi)$ や速度成分 $v_t(\xi),\ v_n(\xi)$) を次式のように表す．

$$\phi(\xi) = N_i(\xi)\phi_i + N_{i+1}(s)\phi_{i+1} = \phi_a + \xi\phi_b \tag{5.9}$$

$$\phi_a = \frac{\phi_i + \phi_{i+1}}{2}, \quad \phi_b = \frac{\phi_{i+1} - \phi_i}{2} \tag{5.10}$$

これらを式(5.7)に代入して厳密に積分すると，$Q_{i,i+1} = 0$ の条件を満たす速度，すなわち定常変形状態において流線となる要素辺上の法線方向速度 $v_n(\xi)$ は，平面ひずみ問題 ($dA = dt$, 単位厚み) の場合

$$v_n(\xi) = \xi v_{n,b} \tag{5.11}$$

軸対称問題 ($dA = 2\pi r(t)dt$) の場合

$$v_n(\xi) = \left(-\frac{1}{3}\frac{r_b}{r_a} + \xi \right) v_{n,b} \tag{5.12}$$

であることがわかる．

要素辺の中点 ($\xi = 0$) での速度 $v_n(0)$ を用いて $Q_{i,i+1}$ および Δn を求めると，平面ひずみ問題の場合は式(5.11)より $v_n(0) = 0$ なのでそれらは 0 となるが，軸対称問題の場合は式(5.12)より $v_n(0) \neq 0$ であるためそれらは 0 とならない．ところが，$v_n(\xi_0) = 0$ となる ξ_0 (平面ひずみ問題の場合は $\xi_0 = 0$, 軸対称問題の場合は $\xi_0 = r_b/(3r_a)$) での速度を用いて $Q_{i,i+1}$ および Δn を求めると，平面および軸対称問題にかかわらずそれらは 0 となり，式(5.7)および式(5.8)の条件は自動的に満たされる．これより，流線積分を行う場合，式(5.4)の代わりに次式を用いればよい．

$$\int_{x_i}^{x_{i+1}} \frac{v_y}{v_x} dx = \frac{v_y(\xi_0)}{v_x(\xi_0)} (x_{i+1} - x_i) \tag{5.13}$$

なお，相当ひずみに関しては，流線上の相当ひずみ速度の積分より求まるもの

であり，式(5.5)を用いればよい。

二次元問題では，流線位置を求める場合の流線積分のみの変更により，厳密な流線位置が求まる。しかしながら，次節にて述べる**三次元問題**（three dimension problem）では，一つの流線ではなく流線より形成される面（以降，流線面と呼ぶ）が対象となること，さらにこの流線面からの流出流量 Q が0となる速度場を求めることが困難であることより，二次元問題のように流線積分のみの変更によって厳密な流線を求めることはできない。そこで，汎関数の最小化において考慮する[8]。

5.4 三 次 元 問 題

5.4.1 流線面からの流出流量

通常の剛塑性 FEM では，体積ひずみ速度（$\dot{\varepsilon}_v = \partial v_x/\partial x + \partial v_y/\partial y + \partial v_z/\partial z$）から非圧縮性条件（$\dot{\varepsilon}_v = 0$）を取り扱っているが，流線面からの流出流量 Q が0となるという条件は入っておらず，定常変形状態における条件 $Q = 0$ は一般に満足されていない。そこで，体積ひずみ速度による非圧縮性条件の代わりに，定常変形状態では各流線面からの流出流量が0となること，および全要素面の流出流量和が0となる条件を汎関数の最小化において考慮することによって，流線に沿う条件と非圧縮性条件を取り扱う。

図 5.5 は**六面体アイソパラメトリック三次元要素**（hexagonal isoparametric three-dimensional element）における流線面を示している。中点積分により流線積分を実行することにして，定常状態における流線面（例えば面 1234）からの流出流量 Q（例えば Q_{1234}）が0となるかを検討し，要素を構成する。流線面として面 1234 を取り上げる。なお，面 1234 は一般に曲面であるが平面としておく。面 1234 上に n 軸を外向き法線とする局所座標系 s, t, n を設定し，v_n を法線方向の速度とする。

次式で表される正規座標 ξ, η および形状関数 $N_i(\xi, \eta)$ を導入すると

5.4 三次元問題

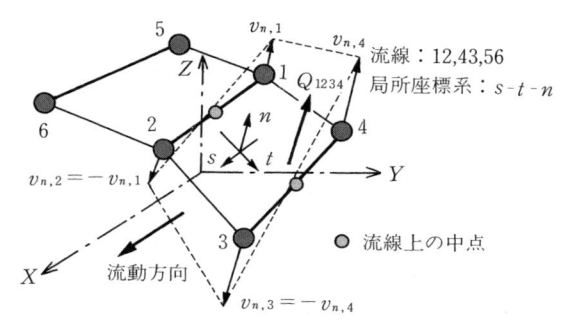

図5.5 三次元要素における流線面

$$N_i(\xi, \eta) = \frac{(1 + \xi_i\xi)(1 + \eta_i\eta)}{4} \quad (-1 \leq \xi, \eta \leq 1) \tag{5.14}$$

$$\{\xi_i\} = \{-1, 1, 1, -1\}, \quad \{\eta_i\} = \{-1, -1, 1, 1\}$$
$$(i = 1, 2, 3, 4) \tag{5.15}$$

s, t, v_n などの面上の値 $\phi(\xi, \eta)$ はつぎのように書ける。

$$\phi = \Sigma N_i(\xi, \eta)\phi_i \quad (\phi = s, t, v_n) \tag{5.16}$$

なお,流線積分に中点積分を用いたことより,定常状態における流線の両端点での速度は次式を満足しており

$$v_{n,2} = -v_{n,1}, \quad v_{n,3} = -v_{n,4} \tag{5.17}$$

面1234に垂直な速度 v_n は次式で表される。

$$v_n = a\xi + b\xi\eta \tag{5.18}$$

$$a = -\frac{v_{n,1} + v_{n,4}}{2}, \quad b = \frac{v_{n,1} - v_{n,4}}{2} \tag{5.19}$$

また,簡略化して,局所座標 s が次式で表される場合を対象とすると

$$s_1 = s_4, \quad s_2 = s_3 \tag{5.20}$$

面1234からの流出流量 Q_{1234} は次式で表される。

$$Q_{1234} = \int v_n dA = \int v_n \det \boldsymbol{J} \, d\xi d\eta = \int (a\xi + b\xi\eta)(c + d\xi)d\xi d\eta \tag{5.21}$$

ここで

$$c = \frac{-t_1 - t_2 + t_3 + t_4}{4}, \quad d = \frac{t_1 - t_2 + t_3 - t_4}{4}$$

$$\det \boldsymbol{J} = \frac{\partial s}{\partial \xi}\frac{\partial t}{\partial \eta} - \frac{\partial t}{\partial \xi}\frac{\partial s}{\partial \eta} \tag{5.22}$$

である。式(5.21)の積分を実行する場合，**完全積分**（accurate integration rule）（**ガウスの4点積分**（Gaussian quadrature by 4(2×2) points））を用いると Q_{1234} は次式のようになり，一般に0とならない。

$$Q_{1234} = \underset{\text{(full integration)}}{\int v_n \det \boldsymbol{J}\, d\xi d\eta} = \frac{(-v_{n,1} - v_{n,4})(t_1 - t_2 + t_3 - t_4)}{6}$$

$$\tag{5.23}$$

一方，**低減積分**（reduced integration rule）（**ガウスの1点積分**（Gaussian quadrature by 1(1×1) point））を用いると Q_{1234} は次式のように0となり，流出流量 Q_{1234} は低減積分により評価したほうがよい。

$$Q_{1234} = \underset{\text{(reduced integration)}}{\int v_n \det \boldsymbol{J}\, d\xi d\eta} = 0 \tag{5.24}$$

5.4.2 流出流量による非圧縮性条件の取扱い

非圧縮性条件は流出流量の積分 $\int v_n dA$ と関連しており，次式のガウスの発散定理によってそれらは関係づけられる。

$$\int_{V_e} \dot{\varepsilon}_v dV = \int_{V_e}\left(\frac{\partial v_x}{\partial x} + \frac{\partial v_y}{\partial y} + \frac{\partial v_z}{\partial z}\right)dV \equiv \sum \int v_n dA \tag{5.25}$$

式(5.25)の右辺は全要素面からの流出流量和を表しており，それを0にすることによって非圧縮性を取り扱う。この場合，低減積分（ガウスの1点積分）を用いると，式(5.24)で示されたように定常変形状態では流線面からの流出流量は0となる。発散（体積ひずみ速度の係数）を表すベクトルを $\{B_v\}$ とすると，式(5.25)右辺は次式のように表される。

$$\sum_{is=1}^{6}\int v_{n,is}dA_{is} = \sum_{is=1}^{6}\{S_{is}\}^T\{v_e\} = \{B_v\}^T\{v_e\}V_0 \tag{5.26}$$

ここで，$\{v_e\}$ は要素節点の速度ベクトル，$\{S_{is}\}$ は面 is での流量積分ベクト

ル，V_0 は要素の体積である．

図 5.6 に示されるように，面① (面 1485) を上流側の面，面② (面 3267) を下流側の面，辺 12，43，56，87 を流線，面③ (面 2516)，面④ (面 7658)，面⑤ (面 4378)，面⑥ (面 1234) を流線面とすると，$\{B_v\}^T\{v_e\}$ すなわち $\{B_v\}$ は表面積分の方法 (図 5.7) によりつぎのようになる．

(Type-2-0) $\{B_v\}^T\{v_e\} = \dfrac{1}{V_0} \sum_{is=1}^{6} \int_{(R)} v_{n,is} dA_{is}$ (5.27)

(Type-2-1) $\{B_v\}^T\{v_e\} = \dfrac{1}{V_0} \left(\sum_{is=1}^{2} \int_{(F)} v_{n,is} dA_{is} + \sum_{is=3}^{6} \int_{(R)} v_{n,is} dA_{is} \right)$ (5.28)

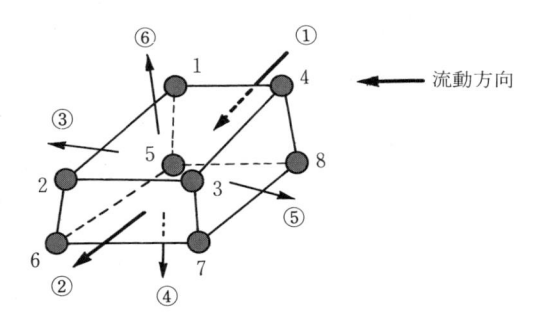

図 5.6 三次元要素の表面番号

流線：12，43，56，87
流線面：③ 2156，④ 7658，⑤ 4378，⑥ 1234
流線断面：① 1485　② 3267

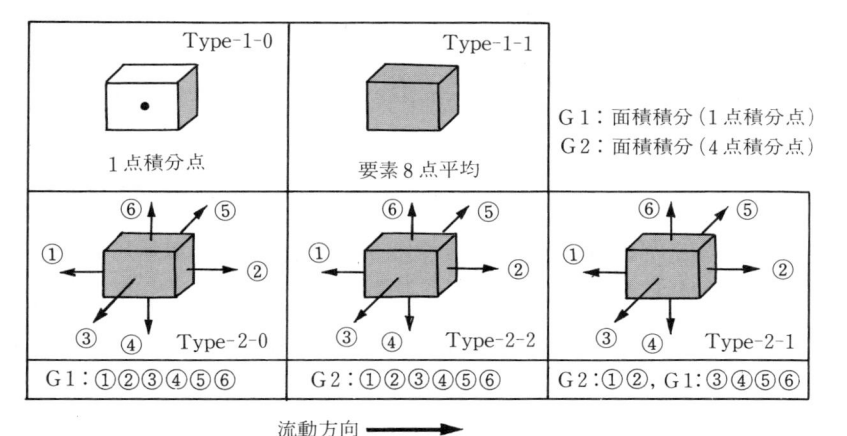

図 5.7 三次元要素における非圧縮性条件の取扱い

$$\text{(Type-2-2)} \quad \{B_v\}^T\{v_e\} = \frac{1}{V_0}\sum_{is=1}^{6}\int_{(F)} v_{n,is}dA_{is} \qquad (5.29)$$

ここで,面積積分記号下の記号(F)は完全積分(ガウスの4点積分)を,(R)は低減積分(ガウスの1点積分)を表している.体積ひずみ速度は $\dot{\varepsilon}_v = \{B_v\}^T\{v_e\}$ と表され,剛塑性FEMの定式化における体積ひずみ速度を表す項に式(5.27)～(5.29)の $\{B_v\}$ を用いればよい.

式(5.27)のType-2-0は,全要素面に対して低減積分を行う方法である.各流線面③～⑥での流出流量は0となるが,流動方向速度に速度分布がある場合は,面①または面②の流量を正確に表すことができない.式(5.28)のType-2-1は,上流面①および下流面②に対しては完全積分を,流線面③～⑥に対しては低減積分を行う方法である.各流線面③～⑥での流出流量は0となり,流動方向速度に速度分布がある場合でも面①または面②の流量を正確に表すことができる.式(5.29)のType-2-2は,すべての面に対して完全積分を行う方法である.各流線面③～⑥での流出流量は0とならず,入側面①と出側面②との流量は一致しない.なお通常の剛塑性FEMでは,体積ひずみ速度に対して低減積分点(ガウスの1点積分点)で $\{B_v\}$ を求めるType-1-0と,完全積分の平均値で $\{B_v\}$ を求めるType-1-1がある.Type-2-2は式(5.25)の右辺を完全積分することにより $\{B_v\}$ を構成しているため,Type-1-1と一致する.以上の定式化で最も厳密な積分はType-2-1である.

5.4.3 例題

図5.8に示される2要素モデルによる正方形断面棒の押出し加工を例として,Type-1-0からType-2-2の定式化による計算結果の差異を示す.入側境界面の形状は2mm×2mmであり,押出し比を2, 10, 50, 100とした.入側境界面,中間位置,出側境界面での流量をそれぞれ Q_i, Q_m, Q_o とすると,計算結果は表5.1のようになる.この問題では断面内速度が均一であるため,Type-2-0およびType-2-1が厳密解($Q_i = Q_m = Q_o = 4$ mm^3/s)を示していることがわかる.

5.4 三次元問題

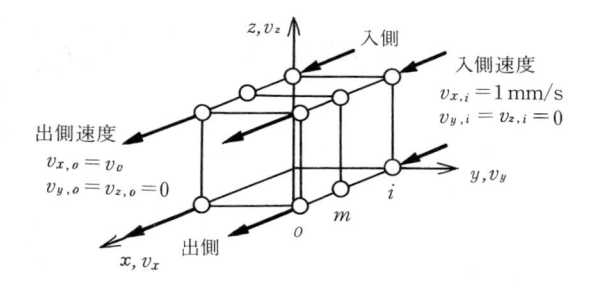

図5.8 2要素モデルによる正方形断面棒の押出し

入側速度 $v_{x,i}=1\,\mathrm{mm/s}$, $v_{y,i}=v_{z,i}=0$

出側速度 $v_{x,o}=v_o$, $v_{y,o}=v_{z,o}=0$

表5.1 正方形断面棒の押出し加工における出側および中間面における流量 Q_o および Q_m （単位：[mm³/s]）

押出し比	Type-1-0		Type-1-1		Type-2-0		Type-2-1		Type-2-2	
	Q_m	Q_o	Q_m	Q_o	Q_m	Q_o	Q_m	Q_o	Q_m	Q_o
2	4.013	4.021	3.961	4.000	4.000	4.000	4.000	4.000	3.961	4.000
10	4.738	4.914	3.658	4.066	4.000	4.000	4.000	4.000	3.658	4.066
50	9.656	10.506	3.317	4.512	4.000	4.000	4.000	4.000	3.317	4.512
100	15.898	17.530	3.197	4.908	4.000	4.000	4.000	4.000	3.198	4.908

6. 要素分割・再分割

6.1 有限要素シミュレーションにおける要素分割

　有限要素法を用いたシミュレーションでは，解析領域を有限個の要素（有限要素，メッシュなどと呼ばれる）に分割しなければならない。すなわち，要素番号・節点番号づけ，各節点の座標の設定，各要素を構成する節点番号群の設定が必要である。シミュレーション対象が単純な形状で，かつ均一な大きさの要素に分割するのであればこの作業は簡単であり，解析者による手入力や，簡単なプログラムで対話的にデータを入力することによって行うことができる。しかしながら，型鍛造品や型押出し品のように対象が複雑な形状を有するような場合には，そのような方法ではシミュレーション全体の時間に対する要素分割処理などのプリプロセス時間の割合が増大し，全解析時間の短縮のネックとなる。そこで，少ない情報（例えば解析領域の形状，要素サイズの分布など）から自動的に要素分割を行うことが可能な**自動メッシュジェネレータ**（automatic mesh generator）が必要となってくる。

　塑性加工シミュレーションのためのメッシュジェネレータには，つぎのような性能が必要とされる。

1) 複雑な任意形状の領域に対応している。
2) CADデータなどからメッシュが生成可能である。
3) ロバストで生成効率がよい。
4) 生成された要素の形状が良好である。

5) 場所によって要素寸法をコントロールできる。

　後述するようにバルク加工の解析では，一般的に塑性流動が大きいことに起因してシミュレーション途中で要素をつくり直す再分割処理（**リメッシング**（remeshing））が必要である。そのため，前ステップの解析結果から要素形状の良好なメッシュを非対話的に作成可能であることも求められる。

　本章では要素の生成や再分割について述べる。

6.2　要 素 生 成 法

6.2.1　ストラクチャードメッシュとアンストラクチャードメッシュ

　二次元，あるいは三次元の解析領域を要素に分割する手法については，多くの研究がなされている。また，現在でも新しい試みがなされ続けている[1]~[5]。

　要素分割の手法を大別すると，隣接する節点同士のトポロジー的な関係が領域内で同じである**ストラクチャードメッシュ**（structured mesh）と，そのような関係がない**アンストラクチャードメッシュ**（unstructured mesh）に分にられる。

　ストラクチャードメッシュは規則的に要素を構成すればよいため，アンストラクチャードメッシュに比べ生成は容易であり，簡単な形状・変形の解析，あるいはシミュレーション空間が時間的に変化しない押出しや圧延加工の定常変形解析などによく用いられる。ストラクチャードメッシュの生成法としては，正規空間に規則的に切ったメッシュを単純に写像する方法，あるいはある種の偏微分方程式を解くことにより写像する方法（elliptical method, hyperbolic method）[1]などがある。

　一方，型鍛造などのように一般的に複雑な形状でしかも変形が大きいような問題に対しては，ストラクチャードメッシュではうまく要素分割することができない場合が多い。特に変形が集中したり，局部的に材料流れが不安定になったりするような場合においては，その部分には細かい要素を必要とするため，ストラクチャードメッシュでは要素分割ができたとしても全体の要素数の増加

が避けられず，計算効率は悪い．さらに，6.3節で述べるように解析途中でリメッシングにより部分的に細かい要素を配置するなど要素分割を修正する場合には，ストラクチャードメッシュでは対応が難しい．したがって，そのような問題においては要素分割にある程度のコストはかかるものの，全体の計算効率，精度の確保の点からアンストラクチャードメッシュを使用する場合が多い．

アンストラクチャードメッシュの生成法[6]としては，**四分木・八分木法**(quad tree-octree method)，**アドバンシングフロント法**(advancing front method)，**Delauney法**(Delauney method)などがよく用いられる．ここではこれら代表的な要素分割法について，特にアンストラクチャードメッシュを中心に説明する．

6.2.2　グリッドマッピング法

図6.1(a)に示すような正規化された領域 Ω'（二次元の場合は正方形，三次元の場合は立方体）に均一に分割したメッシュを実領域 Ω に写像すること

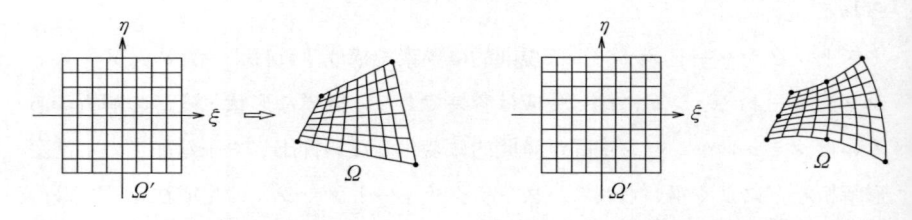

　　（a）　領域が四角形の場合　　　　　（b）　領域境界が二次曲線の場合

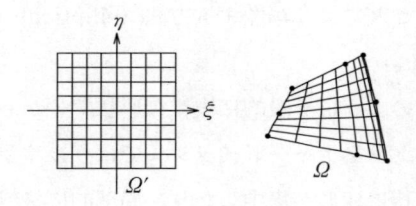

（c）　辺の中間点の座標をどちらかの
　　　頂点に近づける場合

図6.1　グリッドマッピングによるメッシュ生成

6.2 要素生成法

を考える。単純には多項式による写像であり，二次元問題の場合はΩ'内の点 $P'(\xi, \eta)$ は次式により Ω 内の点 $P(x, y)$ に写像される。

$$\left.\begin{array}{l} x = N_i x_i \\ y = N_i y_i \end{array}\right\} \tag{6.1}$$

ここで (x_i, y_i) は頂点での Ω における座標である。

最も簡単な場合は領域 Ω が四角形の場合であり

$$N_i = \frac{1}{4}(1 + \xi_i\xi)(1 + \eta_i\eta) \quad (i = 1 \sim 4) \tag{6.2}$$

$$\xi_1 = \xi_4 = \eta_1 = \eta_2 = -1, \quad \xi_2 = \xi_3 = \eta_3 = \eta_4 = 1$$

を用いる。この場合は Ω' における直線は Ω においても直線である。

Ω の辺が二次曲線で表される場合（図(b)）では

$$N_i = \frac{1}{4}(1 + \xi_i\xi)(1 + \eta_i\eta)(\xi_i\xi + \eta_i\eta - 1) \quad (i = 1 \sim 4),$$

$$N_i = \frac{1}{2}(1 + \xi_i\xi)(1 - \eta^2) \quad (i = 5, 7),$$

$$N_i = \frac{1}{2}(1 - \xi^2)(1 + \eta_i\eta) \quad (i = 6, 8) \tag{6.3}$$

を用いる。図(c)のように辺の中間点の座標をどちらかの頂点に近づけることにより，要素の大きさのコントロールがある程度可能である。

さらに複雑な形状の場合や領域に穴が開いているような場合には，領域をいくつかのブロックに分割し，それぞれのブロックに対してマッピングを適用する（**図6.2**）。しかし，領域を自動的にこのような複数ブロックに分割するのは難しく，また隣接するブロックではその境界の辺の分割数を同じにする必要があるなどの制約がある。

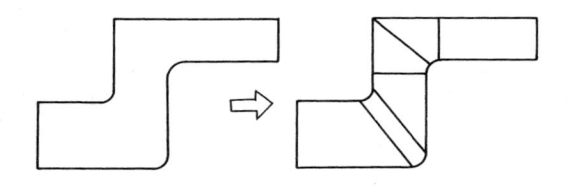

図6.2 領域の複数ブロックによる分割

6.2.3 四分木法・八分木法[7),8)]

四分木法は二次元領域を最終的に三角形要素に，八分木法は三次元領域を四面体要素に分割する手法の一つである。この方法では，まず領域全体を覆うように適当な大きさの正方形（二次元）あるいは立方体（三次元）で分割された格子を配置し，領域の境界においてはその正方形，立方体を分割して細かくしていく。図 6.3 に二次元の場合の例を示す。図(a)において配置された正方形のうち，領域境界を含む正方形のみ 4 個の正方形に分割する（図(b)）。分割された小正方形に対し，同様の手順を領域境界が十分表される程度に正方形が細かくなるまで繰り返す（図(c)）。できた正方形を隣接する正方形や領域境界との交わり方に応じて三角形に分割し，領域外の三角形を削除した後（図(d)），全体をスムージングする。

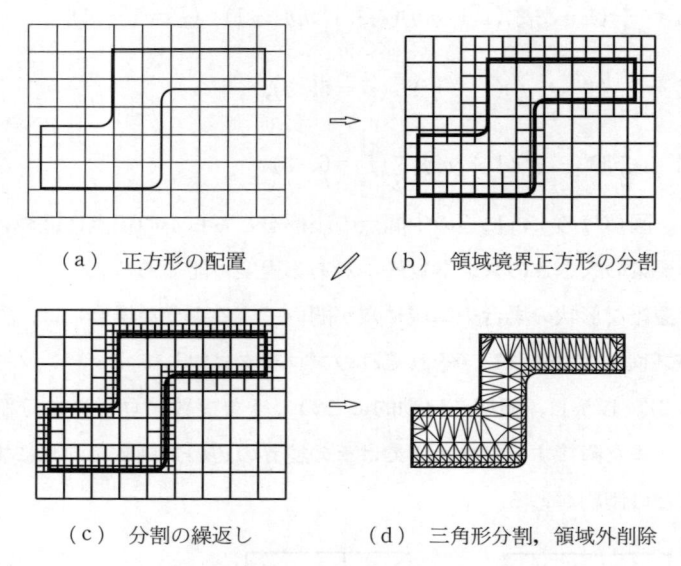

(a) 正方形の配置　　(b) 領域境界正方形の分割

(c) 分割の繰返し　　(d) 三角形分割，領域外削除

図 6.3　四分木法によるメッシュ生成

この方法は領域境界から離れた内部では良好な形状のメッシュが得られるが，領域境界付近においてはゆがんだ要素が生成されやすい。これを避けるために領域境界付近の細分化の仕方や，正方形を三角形に分割する際のパターン

6.2 要素生成法　83

に工夫をすることなどが行われている。

6.2.4　アドバンシングフロント法（逐次法）[9),10)]

　領域境界から内部に向かって，節点を発生しながら三角形要素あるいは四面体要素を生成していく方法である。この方法は，任意形状の領域境界のデータから要素生成が可能であるため，自動要素分割に向いている。

　二次元の場合について，その概略を図 6.4 に示す。

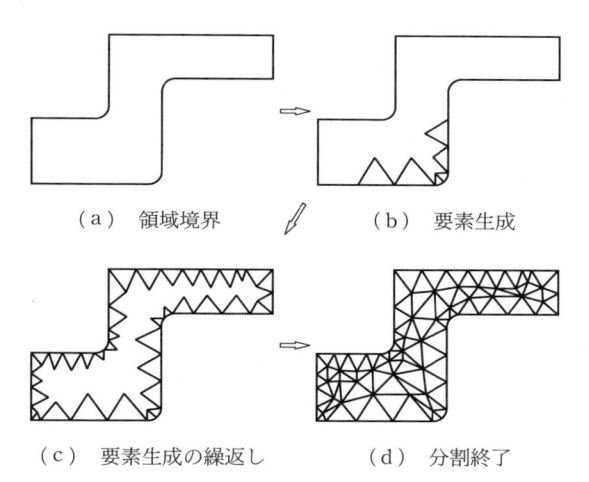

　　　　（a）領域境界　　　　　（b）要素生成

　　　　（c）要素生成の繰返し　（d）分割終了

　　　　図 6.4　アドバンシングフロント法によるメッシュ生成

1) 領域境界を指定した要素サイズの線分要素で与える。
2) 線分要素群を"フロント"とし，これから要素内部に要素を1個ずつ生成していく。その際にフロントを形成する線分どうしの位置関係により，すでに存在する節点を使って要素生成するか，適切な位置に節点を発生させて要素生成するかを判断する。要素生成・節点発生のパターンにはいくつかの手法が提案されている。最も単純には，隣接する線分要素どうしの角度により三つのパターンに分類する方法である（図 6.5）。
3) 要素を生成するごとにすでに生成されている要素との干渉をチェックし，干渉がなければ生成した要素を既存のメッシュに加え，フロントを更

84   6. 要素分割・再分割

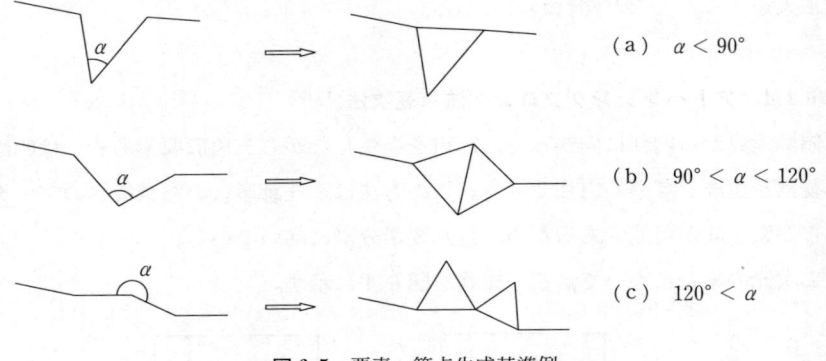

(a) $\alpha < 90°$

(b) $90° < \alpha < 120°$

(c) $120° < \alpha$

図 6.5 要素・節点生成基準例

新する。ほかの要素との干渉が生じていた場合は新たに生成された要素をキャンセルし，その要素生成に使用した頂点の節点を要素生成のための節点の候補から除外した後，2) に戻る。
4) この操作を領域全体が要素で埋め尽くされるまで繰り返す。
5) 全体をスムージングし，最終的なメッシュとする。

この手法では領域全体が確実に要素で埋め尽くされるという保証はない。特に領域が複雑な凹型形状や細長い部分を含む場合には，どのように要素生成してもほかの要素と干渉するか，極端にゆがんだ要素となってしまう場合がある。したがって，要素生成に行き詰まった場合にある程度までフロントを後退させ，着目線分を変更しながらメッシュが完成するまで試行錯誤を繰り返すなどの工夫が必要である。また，グリッドマッピング法と組み合わせることにより，領域境界から離れた内部には規則的なメッシュをあらかじめ生成しておき，領域境界付近のみ逐次的に要素生成を行う方法も提案されている。

6.2.5 Delauney 法[11],[14]

Delauney 法は，Delauney 網を利用した三角形要素あるいは四面体要素の分割法であり，現在最もよく使われている手法の一つである。Delauney 網とは n 次元空間において $n+1$ 個の頂点からなる多面体の集合であり，二次元

の場合は外接円，三次元の場合は外接球の内部にほかの点が存在しないという **Delauney条件**（Delauney condition）（あるいは empty sphare 条件という）を満足するものである．対象領域が中実凸形状である場合には，Delauney網はそのまま有限要素とすることができる．凹形状および空洞がある場合には，領域境界を保つための処理が必要である．

二次元の場合について Watson ら[11]によって提案された生成の手順はつぎのとおりである．

1) 与えられた領域の内部および境界上に，あらかじめ必要な密度で節点を生成する．
2) 領域全体を包含するように適当に三角形（三次元の場合は四面体）を2個作成し，最初の Delauney 網とする．
3) Delauney 網に節点を1個挿入し，外接円内にその点を内包する三角形を消去する．
4) 挿入した点と周りの辺との間で三角形を生成する．
5) 3)～4)をすべての節点が挿入されるまで繰り返す．

3)，4) の手順の例を**図6.6**に示す．すでに存在するメッシュ内に挿入した点（図(a)）がどの要素の外接円内にあるかを調べ（図(b)），その要素を消

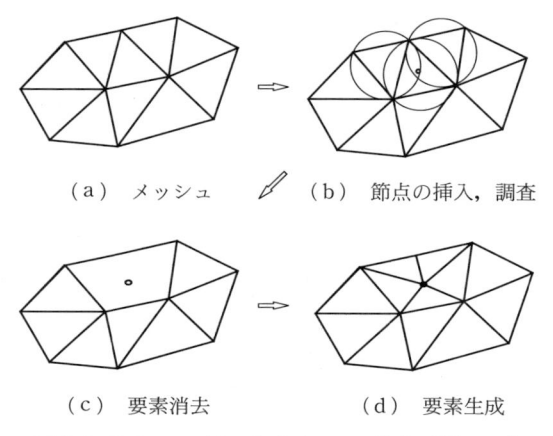

(a) メッシュ (b) 節点の挿入，調査

(c) 要素消去 (d) 要素生成

図6.6 Delauney 法によるメッシュ生成（Watson）

去した後（図(c)）に，周りの辺と挿入した節点とを用いて要素を生成している（図(d)）。

この方法は，実数計算の丸め誤差がある場合には外接円の内包条件の判断を誤りやすい。そこで，Sloan ら[12]は辺の交換による改良したアルゴリズムを提案している。すなわち，上記 3），4）の代わりにつぎの手順を採用する。

3')　Delauney 網に節点を一つ挿入し，その点を内包する三角形を 3 個に細分する（**図 6.7**(b)）。

4')　新たに挿入された辺を共有する三角形について Delauney 条件をチェックし，条件を満足していない場合には辺を交換する（図(c)）。

5')　Delauney 条件を満足しない要素がなくなるまで，3')，4') を繰り返す（図(d)）。

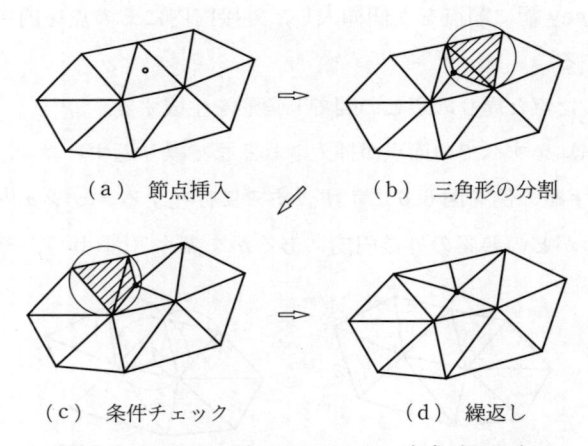

(a) 節点挿入　　　(b) 三角形の分割

(c) 条件チェック　　　(d) 繰返し

図 6.7　Delauney 法によるメッシュ生成（Sloan）

谷口は領域境界の処理を考慮に入れた修正 Delauney 法をプログラム例とともに示している[13]。また，Delauney 網と対になる Volonoi 図を作成することにより，Delauney 網を直接生成する方法も多く用いられている[14]。

6.2.6　四角形要素・六面体要素の生成

6.2.3～6.2.5 項の方法は三角形要素あるいは四面体要素を生成する手法で

あるが，塑性加工シミュレーションでは四角形要素や六面体要素を使用したい要求が強い．しかし，任意の形状をした領域に四角形要素や六面体要素のアンストラクチャードメッシュを生成することは必ずしも容易ではない．間接的な方法として，二次元問題では図 6.8 に示すように，アドバンシングフロント法や Delauney 法によりまず三角形要素を生成した後，隣接する 2 個の三角形要素を結合して四角形要素にする方法がある[13),15),16)]．対となる隣接三角形要素がなくて残る三角形要素は，単独で 3 個の四角形要素に分割する．

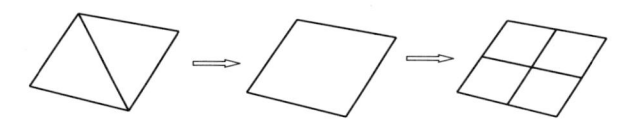

(a) 対となる二つの三角形から四角形要素を生成

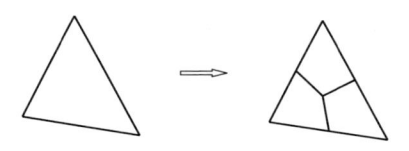

(b) 対となる三角形がない場合

図 6.8 四角形要素の間接的生成法

　直接四角形要素を生成する方法としては，**グリッドベースアプローチ**（grid based aproach）がよく使われる．これは単純なグリッドを生成させて，境界近傍のみ修正してシミュレーション領域に合わせる方法である[17),19)]．図 6.9 に示すように，まず単純なメッシュを生成して（図(a)），シミュレーション領域に近い部分だけを取り出して（図(b)），メッシュ表面の節点とシミュレーション領域の境界との対応をとり（図(c)），凹形要素の発生を防ぐために要素を角部付近で追加し（図(d)），メッシュ表面の節点をシミュレーション領域の境界に移動させ（図(e)），内部の節点を移動させて要素形状を整える（図(f)）．この方法はかなりロバストであるが，境界近傍の要素がゆがみやすいことと，要素サイズのコントロールが難しい点が欠点として挙げられる．

　そのほか，四角形要素の生成法としては，四分木法を用いる方法[20)]，

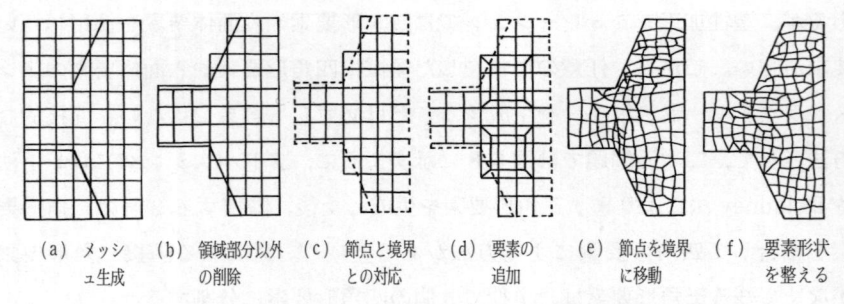

(a) メッシュ生成　(b) 領域部分以外の削除　(c) 節点と境界との対応　(d) 要素の追加　(e) 節点を境界に移動　(f) 要素形状を整える

図 6.9 グリッドベースアプローチによる四角形要素の生成

medial axis 分割法[21]，アドバンシングフロント法を応用するもの[22]などがある。

三次元問題においては，四面体要素から質のよい六面体要素を生成することは難しく，いまだ研究の途上といえる。実用的には二次元の場合と同様に，ストラクチャードメッシュをベースに領域境界近傍のみ境界面に適合するように修正を加える，グリッドベースアプローチ[23]がある程度成功している。

6.3 リメッシング

6.3.1 ラグランジュ型記述とオイラー型記述

有限要素法を用いて物体の変形を記述する方法は，大別すると**ラグランジュ型記述**（Lagrangean description）と**オイラー型記述**（Eulerian description）の2種類がある。これらは基本的には同一の保存則に基づいて材料の変形を解くものであるが，基準座標のとり方が異なる。

ラグランジュ型記述では基準座標（参照座標）が物体に固定され，物体とともに移動すると考える（**図 6.10**(a)）。そのときの運動方程式は，つぎのように表される。

$$\rho \frac{\partial V_i}{\partial t} = \frac{\partial \sigma_{ji}}{\partial x_j} + b_i \tag{6.4}$$

ここで，ρ は密度，V_i は物体の速度，σ_{ji} はコーシー応力，b_i は体積力であ

(a) ラグランジュ型　　　　　　　(b) オイラー型

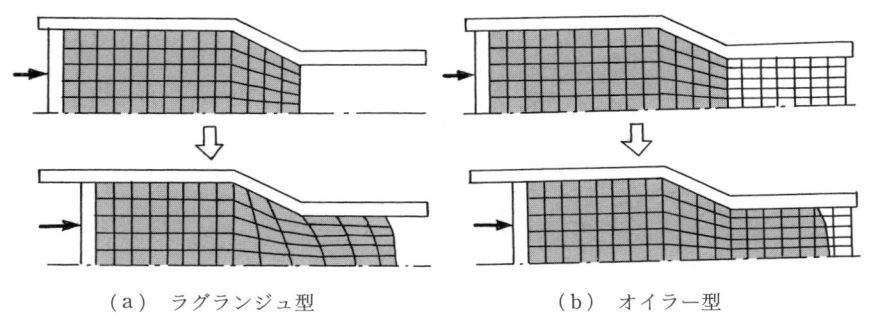

図 6.10　ラグランジュ型記述とオイラー型記述

る。

オイラー型記述では基準座標が空間に固定され，物体はその中を移動すると考える（図(b)）。そのときの運動方程式はつぎのようになる。

$$\rho \frac{\partial V_i}{\partial t} + \rho V_j \frac{\partial V_i}{\partial x_j} = \frac{\partial \sigma_{ji}}{\partial x_j} + b_i \tag{6.5}$$

一般に塑性加工の FEM 解析に広く用いられているのは，ラグランジュ型記述である。その理由はつぎのとおりである。

1) ラグランジュ型記述の定式化では，非線形性の強い移流項がないため，式自体が簡単になる。
2) バルク加工では，素材が最終的にどのような形状になるか，あるいは型に十分充満するかなど，自由表面の位置が変形によってどのように変化するかが問題になることが多い。ラグランジュ型記述では，最初に物体表面にあった節点は変形後も表面にあるため，メッシュの変形から直接自由表面の移動が表せる。
3) 一般の金属材料では，構成則（加工硬化など）がその材料が受けてきた変形履歴に依存するが，ラグランジュ型記述のほうがそのような構成則を表現しやすい。

一方，ラグランジュ型記述には大きな問題点がある。それは要素が物体の変形に伴って変型するために，変形の非常に大きな部分では要素のゆがみが大きくなることである。例えば，図 6.11 は軸対称後方押出しを計算した結果であ

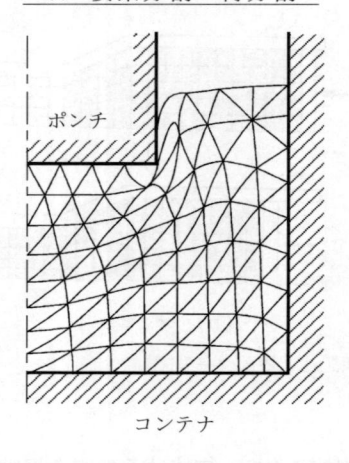

図6.11 ラグランジュ型の計算例
(軸対称後方押出し)

るが,ポンチ肩付近に変形が集中し,その部分の要素が大きくゆがめられている。要素がゆがんで細長くなると,その部分の解析精度が低下してくる。そしてさらに変形が進んで要素のゆがみが大きくなると,要素のヤコビアンが負となり,解析の続行が不可能となる場合もある。

　要素形状の大きなゆがみを避ける一つの方法として,ラグランジュ型記述とオイラー型記述の両者の特徴を併せもつ**ALE法**(arbitrary Lagrangian-Eulerian method) が考えられている。この方法では,基準座標の移動速度を空間,物体の両者の速度とも独立した変数 $\hat{V}$ とする (**図6.12**)。すると,運動方程式は

$$\rho \frac{\partial V_i}{\partial t} + \rho (V_j - \hat{V}_j) \frac{\partial V_i}{\partial x_j} = \frac{\partial \sigma_{ji}}{\partial x_j} + b_i \tag{6.6}$$

となる。ラグランジュ型記述の場合は $\hat{V} = V$ であり,オイラー型記述の場合は $\hat{V} = 0$ となる。ALE法では基準座標の移動速度は任意であるため,解析領域の一部(例えば変形が集中する工具角付近)は $\hat{V} = 0$ としてオイラー型として表し,あるいは適当な速度 $\hat{V}(\neq V \neq 0)$ を与えて要素のゆがみをある程度コントロールし,残りの部分は $\hat{V} = V$ としてラグランジュ型として表す,ということが可能である。しかしこの方法にも限界があり,自由表面も含めて非常に大きく変形するような問題においては要素のゆがみは避けられない。

● : ALE節点

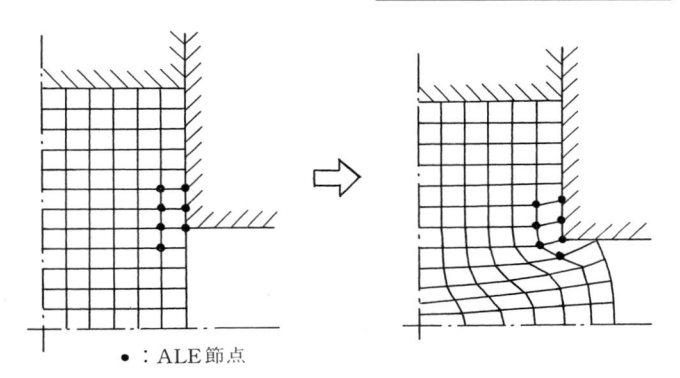

図 6.12　ALE 記 述

　この問題を解決するもう一つの方法として，シミュレーション途中でメッシュそのものをつくり直して要素を正規の形にする要素再分割処理（リメッシング）がある．この処理を行うために，従来は解析者がシミュレーション経過を監視し，計算の続行が不可能になったら，あるいは要素のゆがみが大きくなってきて解析誤差が大きくなったと判断したらそこでいったん計算を打ち切り，手動でメッシュを切り直してから計算を再開させるという手間のかかる方法をとってきた．またその際に，変形の厳しそうな箇所を解析者が判断して，その部分の要素を細かく，それ以外を粗くというようにメッシュの切り方も手動で指示してきた．これは非常に非効率的であるため，これらの処理を自動的に行おうとする試みが多くの研究者によってなされている．特に，シミュレーションの誤差推定値をベースにメッシュサイズをコントロールしながらリメッシングを行う**アダプティブリメッシング法**（adaptive remeshing method）[24),26)]は，解析の高精度化，自動化の手法として有効である．この方法の利点はつぎのとおりである．

1) メッシングを人手を使わないで行うため，解析全体の自動化が図れる．
2) 誤差評価をベースとしてリメッシングを行うため，解析結果の精度がある程度保証される．
3) 要素を必要に応じて配分するため，効率よく解析を行うことができる．

4) 既存の変形解析プログラムをあまり変更せずに，プリ・ポストプロセッサ的に誤差解析部，メッシュジェネレータ，リゾーニング部などを付け加えて適用することができるため，プログラム資産の有効利用ができる。
5) 初期メッシュの切り方が最終の結果にあまり影響を及ぼさないため，解析者によって結果が異なることが少ない。

6.3.2 アダプティブリメッシング法

アダプティブリメッシング法は，最初 Bennett ら[26]によって，弾性問題の形状最適化問題に適用された。すなわち，解析途中でメッシュをつくり直す際にメッシュを生成する領域を変化させ，解析領域そのものの形状を変えることにより，形状最適化を行おうとしたのである。

アダプティブリメッシング法の考え方は，初期のころは実際の適用が困難であった。なぜなら，メッシュを自動的につくり直すためには任意の形状の領域に任意の大きさの分布をもった要素を生成することができるメッシュジェネレータが必要であるが，初期のころはそのようなものが存在しなかったからである。

しかし，1970年代の前半ごろから上記のような条件を満たす自動メッシュジェネレータが出現してきて，実現可能となってきたのである。

図 **6.13** にアダプティブリメッシング法の計算フローチャートを示す。
1) FEM により，1 ステップの変形解析を行う。
2) 変形・熱連成解析を行う場合，つぎに1ステップ間の発熱，材料内の熱伝導および工具・雰囲気への熱伝達を考慮した熱解析を行う。
3) それらの結果より，各要素の変形解析および熱解析の誤差測度を事後推定する。
4) すべての要素の中で，それぞれの誤差測度の最大のものの値がある基準値を越えているかどうかをチェックする。越えていなければ，そのままつぎの変形解析ステップの計算に入る。
5) 誤差測度の最大値が基準値を越えた場合，それぞれの要素の誤差測度の

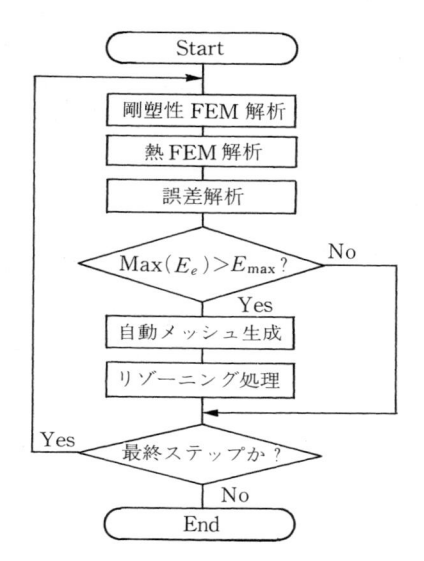

図 6.13 アダプティブリメッシング法のフローチャート

値から，それをある基準値以下にするために必要な新しいメッシュの大きさを決定し，自動メッシュジェネレータにより新たなメッシュを作成する．また，加工の種類によっては，ここで工具形状から算出される必要メッシュサイズも考慮する．

6) ひずみ，温度などの履歴に依存する値を，旧メッシュから新メッシュに引き継ぐリゾーニング処理をする．
7) 1)に戻りつぎの計算ステップに入る．

このアルゴリズムを達成するには以下の技術が必要である．
1) 誤差を見積もる方法，およびその値から必要なメッシュサイズを算出する方法
2) 要素サイズを解析領域内の各部分で指定できるメッシュジェネレータ
3) 精度のよいリゾーニング手法
4) 上記 1)～3) を行いやすいような変形解析部

以下，これらについて順を追って説明する．

〔1〕 **誤差測度の推定** ここでいう誤差とは，FEM計算の結果求まる解

(有限要素解)と真の解(厳密解)との差である。簡単な弾性問題などでは厳密な解がわかる場合もあり,そのときは直接誤差が求められるが,特に複雑な系となる塑性加工問題では厳密解が求まるようなケースというのはほとんどない。そこで,有限要素解から**誤差測度**(error measure)を推定することが必要となってくる。その方法はいろいろな種類のものが提案されているが,よく使われるものに補間誤差に基づくものがある。有限要素法では要素内の値を節点での値から内挿して定式化することが基本であるため,厳密解と,それを節点の値に離散化させ内挿した値との差である補間誤差が,有限要素解析誤差の上限を与えることが知られているからである。

すなわち誤差 E_e を

$$E_e = \sqrt{a(\boldsymbol{u} - \boldsymbol{u}_h,\ \boldsymbol{u} - \boldsymbol{u}_h)} \tag{6.7}$$

としたとき,補間定理より

$$a(\boldsymbol{u} - \boldsymbol{u}_h,\ \boldsymbol{u} - \boldsymbol{u}_h) \leq a(\boldsymbol{u} - \boldsymbol{w}_h,\ \boldsymbol{u} - \boldsymbol{w}_h) \tag{6.8}$$

ここでは $\boldsymbol{w}_h$ 厳密解 $\boldsymbol{u}$ を補間したものであり, $\boldsymbol{u}_h$ は有限要素解である。ノルム $a(\boldsymbol{u},\ \boldsymbol{v})$ は例えば

$$a(\boldsymbol{u},\ \boldsymbol{v}) = \int_\Omega \sigma_{ij(u)} \varepsilon_{ij(v)} d\Omega, \quad a(\boldsymbol{u},\ \boldsymbol{v}) = \int_\Omega \boldsymbol{u} \cdot \boldsymbol{v} d\Omega \tag{6.9}$$

などである。しかし厳密解 $\boldsymbol{u}$ は未知であるため, $\boldsymbol{u}_h$ を解析領域全体でスムージング処理した $\boldsymbol{u}^*$ を導入し, $\boldsymbol{u} - \boldsymbol{w}_h$ の代わりに $\boldsymbol{u}^* - \boldsymbol{u}_h$ を用いて推定する[24),25),27)]。

〔2〕 **メッシュサイズの決定** 塑性解析のような場合,誤差測度とメッシュサイズの関係を明示的に導出することは,一般的に複雑である。そこで,簡単なパッチテストを行うことにより,その関係を推定する方法が提案されている。すなわち,円柱(二次元問題)あるいは角柱(三次元問題)の端面拘束据込みの解析をメッシュサイズを変えて行い,解析領域内の同じ場所の誤差測度と要素の大きさ X (二次元問題では面積 A ,三次元問題では体積)との関係を求めるのである。それを両対数グラフで表したのが**図6.14**である。なおこの例では,要素は二次元問題の場合三角形二次要素を,三次元問題の場合は四

6.3 リメッシング　95

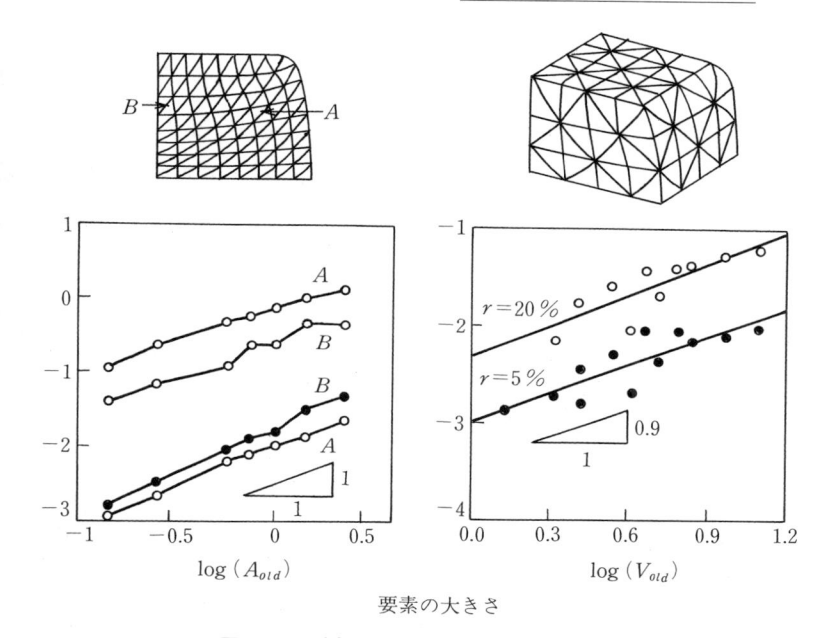

図6.14　要素の大きさと誤差推定値の関係

面体二次要素の均一メッシュをそれぞれ用いている．両者の関係はほぼ直線であり，その傾きを a とするといずれも

$$E_e = k X_{old}{}^a \tag{6.10}$$

と表される．

したがって，誤差測度を E_{new} 以下にするための要素の大きさ X_{new} は

$$X_{new} = X_{old}\left(\frac{E_{new}}{E_{old}}\right)^{1/a} \tag{6.11}$$

となる．要素の辺の平均寸法を h とすると

$$h_{new} = h_{old}\left(\frac{E_{new}}{E_{old}}\right)^{1/na} \quad (n \text{ は次元数}) \tag{6.12}$$

となる．

〔3〕**メッシュジェネレータ**　メッシュジェネレータとしては，（1）任意の形状の領域に，（2）任意の大きさの分布の要素をつくることができ，しかも，（3）つくられた要素が正規の形状に近いものができる，ことが必要で

ある。

前節で述べた要素生成手法のうち，アドバンシングフロント法やそれとグリッドマッピングを組み合わせたもの[28]，Delauney法などが適している。

〔4〕**リゾーニング手法**　ひずみや応力，温度などの履歴に依存する値は，リメッシング前の要素からリメッシング後の要素に受渡しを行わなければならない。この操作を精度よく行わないと，そのための誤差が入り込むことになる。ここではマッピングによる方法がよく用いられる。すなわち新しいメッシュを作成後，まずその新しい各要素の積分点の座標を求め，それが旧メッシュのどの要素に含まれるかをサーチする。つぎに，旧メッシュの積分点での値から旧節点における値を求め，内挿関数を用いて新積分点における値を算出する，という手法が**リゾーニング**（rezoning）手法である。旧節点の値を求めるには，領域全体で最小二乗法による方法や，その節点を含む要素の値の距離の逆数による重み付き平均で求める方法などがある。

〔5〕**計　算　例**　以下に上記アダプティブリメッシング法を適用したいくつかの計算例を示す。

図6.15は，端面を固定した材料を平面ひずみ状態で一方向に引っ張ったときの計算結果である。この場合，変形がある程度進むと，材料の中央に変形が集中してきてくびれが発生する。計算途中でリメッシングを行わないと，中央の要素1列のみがどんどん変形していき，その結果，くびれ形状やそこでのひずみなどは正確に求まらない。アダプティブリメッシングを行うと，くびれがかなり進んだ状態でも要素形状は正三角形に近い形をしており，くびれ形状なども滑らかに表されているのがわかる。

図6.16は円筒ダイスによる平板の平面ひずみ圧縮の計算例である。ダイスの間に挟まれた変形部の要素は変形が進むと細かくなっていくのに対し，ダイスから離れた非変形部の要素は大きくなっている。このようにアダプティブリメッシング法を用いることにより，要素を必要なところには多く，不必要なところには少なく配置することが自動的にでき，効率的な解析を行うことができる。

$\dfrac{u}{L}=0.0$

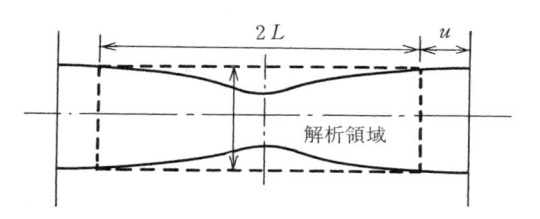

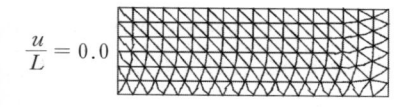

$\dfrac{u}{L}=0.1$

$\dfrac{u}{L}=0.2$

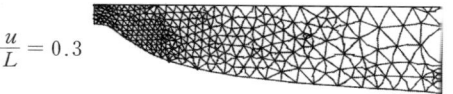

$\dfrac{u}{L}=0.3$

図 6.15 平面ひずみ引張り

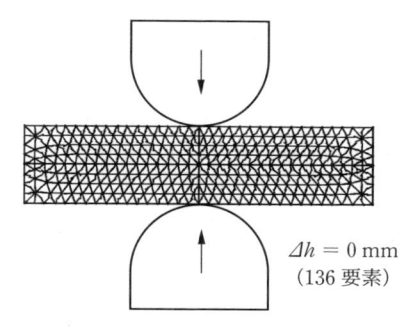

$\Delta h = 0$ mm (136 要素)

$\Delta h = 2.8$ mm (126 要素)

$\Delta h = 4.6$ mm (146 要素)

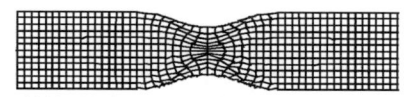

材料に固定のバックグラウンドメッシュ

図 6.16 円筒ダイスによる平板の平面ひずみ圧縮

6. 要素分割・再分割

図 6.17 は平面ひずみ条件のもとで打抜き加工の解析を行った例を示したものである[29]。せん断加工では非常に狭い範囲に変形領域が集中するため，特にリメッシングが重要となってくる。工具の刃先およびせん断域に細かい要素を配置したうえでリメッシングを繰り返すことで，（1）ポンチもしくはダイスのエッジ近傍の要素の工具への侵入，（2）非常に狭い範囲に変形が集中することによる要素の大きなゆがみ，の問題を解消することができる。計算中のメッシュを**図 6.18** に示す。ポンチおよびダイス刃先付近においてもメッシュが正規の形状に近い形を保っている様子がわかる。

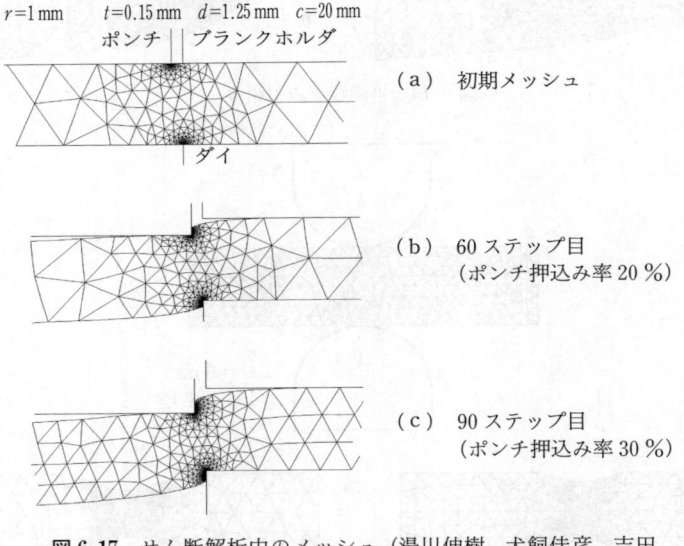

$r=1\,\mathrm{mm}$　$t=0.15\,\mathrm{mm}$　$d=1.25\,\mathrm{mm}$　$c=20\,\mathrm{mm}$

（a）初期メッシュ

（b）60 ステップ目
　　（ポンチ押込み率 20 %）

（c）90 ステップ目
　　（ポンチ押込み率 30 %）

図 6.17 せん断解析中のメッシュ（湯川伸樹，犬飼佳彦，吉田佳典，石川孝司，神馬 敬：打抜き加工の有限要素解析，塑性と加工，**39**，454，pp.1129〜1133（1998）より転載）

60 ステップ目

リメッシング前　　リメッシング後

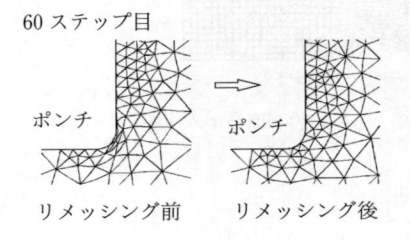

図 6.18 ポンチ刃先近傍のメッシュ（湯川伸樹，犬飼佳彦，吉田佳典，石川孝司，神馬 敬：打抜き加工の有限要素解析，塑性と加工，**39**，454，pp.1129〜1133（1998）より転載）

7. 熱伝導有限要素法

7.1 熱伝導の微分方程式および境界条件

塑性加工では，素材はしばしば熱間状態で変形させられる。熱間加工では，温度効果が重要になり，素材の変形解析だけでなく素材の温度解析も必要になる。また，高速加工においても，変形および摩擦仕事が熱に変化するため，素材温度が上昇し，温度解析が必要になる。素材の変形抵抗や摩擦特性は温度によって変化するため，変形挙動は温度分布の影響を受けることになる。また，塑性変形および摩擦による仕事は熱に変わるため，温度分布も変形の影響を受けている。このように，温度効果の現れる加工では，素材の変形と温度分布を連成的に取り扱わなければならない。FEM は，変形解析だけでなく温度分布の計算にも利用されており，**熱伝導**（heat conduction）**FEM** が定式化されている。

塑性加工中の素材および工具の温度分布は，素材の塑性変形および工具面摩擦による発熱，素材および工具内の熱伝導，大気および冷却水への熱伝達によって変化し，これらの影響を考慮して解析を行わなければならない。

塑性加工では，定常変形と非定常変形がある。非定常変形の解析手法では，座標系が素材に固定されているラグランジュ型記述で考えると，変形とともに温度が変化する。このような温度場においては，熱伝導の微分方程式はつぎのように表される。

7. 熱伝導有限要素法

$$k\left(\frac{\partial^2 T}{\partial x^2} + \frac{\partial^2 T}{\partial y^2} + \frac{\partial^2 T}{\partial z^2}\right) - c\rho\frac{\partial T}{\partial t} + \dot{q} = 0 \tag{7.1}$$

ここで，T は温度，k は熱伝導率，c は比熱，ρ は密度，t は時間，$\dot{q}$ は単位体積当りの熱エネルギー率である。上式の左辺第1項目は熱伝導項であり，第2項目は非定常項，第3項は発熱項である。

一方定常変形の解析では，座標系が空間に固定されているオイラー型記述を用いると，温度の時間変化がなくなり，式(7.1)の第2項目の非定常項は0になる。その代わり物体とともに熱が移動するため，熱移流項（物質移動項）が付加される。

$$k\left(\frac{\partial^2 T}{\partial x^2} + \frac{\partial^2 T}{\partial y^2} + \frac{\partial^2 T}{\partial z^2}\right) - c\rho\left\{\frac{\partial(v_x T)}{\partial x} + \frac{\partial(v_y T)}{\partial y} + \frac{\partial(v_z T)}{\partial z}\right\}$$
$$+ \dot{q} = 0 \tag{7.2}$$

ここで，v_x，v_y，v_z は速度成分である。

単位体積当りの熱エネルギー率は，塑性変形や摩擦損失による単位体積当りのエネルギー消散率が変化したものであり，素材の変形解析によって求められる。塑性変形をしている材料の単位体積当りのエネルギー消散率はつぎのようになる。

$$\dot{W} = \sigma_x \dot{\varepsilon}_x + \sigma_y \dot{\varepsilon}_y + \sigma_z \dot{\varepsilon}_z + \tau_{xy}\dot{\gamma}_{xy} + \tau_{yz}\dot{\gamma}_{yz} + \tau_{zx}\dot{\gamma}_{zx} = \bar{\sigma}\dot{\bar{\varepsilon}} \tag{7.3}$$

単位体積当りの塑性変形エネルギー消散率は，相当応力と相当ひずみ速度の積になる。塑性変形エネルギー消散率のほとんどが熱エネルギーに変化するため，温度分布の計算に関して重要である。塑性変形エネルギーの90％以上が熱エネルギーに変化するため，近似として100％変化するとして式(7.1)の $\dot{q}$ が求められている。

素材および工具は，大気および冷却水によって冷やされる。これらの境界面では，主として熱伝達によって熱の移動が起こり，次式の境界条件が成り立つ。

$$k\left(\frac{\partial T}{\partial x}l_x + \frac{\partial T}{\partial y}l_y + \frac{\partial T}{\partial z}l_z\right) - c\rho T(v_x l_x + v_y l_y + v_z l_z)$$
$$+ h(T - T_a) = 0 \tag{7.4}$$

ここで，l_x, l_y, l_z は境界面の方向余弦であり，T_a は外部流体の温度であり，h は熱伝達率である。ただし，非定常変形の場合は，左辺の第 2 項目の熱移流項は 0 になる。

7.2 差　分　法

温度分布の数値解析手法としては，差分法と有限要素法がある。差分法は物体を有限個の格子点に分割し，格子点間の温度差を考えることによって，熱伝導方程式を直接解く方法である。

図 7.1 に示す二次元格子において，式(7.1)の非定常熱伝導微分方程式を差分近似すると，次式が得られる[1]。

$$k\frac{1}{\delta x_{i,j}}\left(\frac{T_{i+1,j}-T_{i,j}}{\Delta x_{i+1,j}}-\frac{T_{i,j}-T_{i-1,j}}{\Delta x_{i,j}}\right)+k\frac{1}{\delta y_{i,j}}\left(\frac{T_{i,j+1}-T_{i,j}}{\Delta y_{i,j+1}}\right.$$
$$\left.-\frac{T_{i,j}-T_{i,j-1}}{\Delta y_{i,j}}\right)-c\rho\frac{T_{i,j}{}'-T_{i,j}}{\Delta t}+\dot{q}=0 \qquad (7.5)$$

上式は**陽解法**（explicit method）に基づいて，現在の周囲の温度をもとにして，Δt 後の温度 $T_{i,j}{}'$ が計算される。陽解法であるため，時間間隔を小さくしなければ解は収束しない。

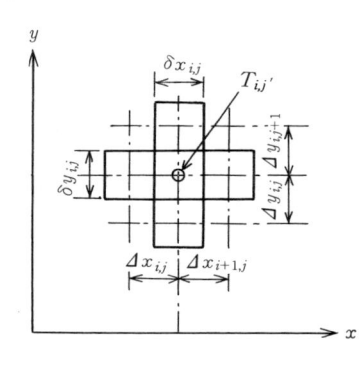

図 7.1 差分法における二次元直交格子

7.3 熱伝導有限要素法

　素材の変形と温度はたがいに影響を受けるため，本来変形計算と温度計算は連立させて解析しなければならない。しかしながら，変形計算と温度計算を完全に連立させて解析すると，方程式が複雑になって計算が困難になる。そこで，非定常変形の計算では，1変形ステップの間の連成効果は小さいとして，変形計算と温度計算を変形ステップごとに繰り返すことによって近似的に連成効果を取り扱う。また，定常変形の計算では，変形抵抗分布を繰り返し計算によって収束させるため，この繰り返し計算の中に温度解析を取り込み，温度分布も収束させる。

　有限要素法では，物体を多数の要素に分割して微分方程式を解く方法である。要素内の温度分布は，節点温度の一次関数としてつぎのように表される。

$$T = \{N\}\{T\} \tag{7.6}$$

ここで，$\{T\}$ は節点温度ベクトルであり，$\{N\}$ は座標の関数で表される形状関数のベクトルである。式(7.6)を用いると，式(7.1)の非定常熱伝導微分方程式はつぎのように表される。

$$k\left(\frac{\partial^2\{N\}\{T\}}{\partial x^2} + \frac{\partial^2\{N\}\{T\}}{\partial y^2} + \frac{\partial^2\{N\}\{T\}}{\partial z^2}\right) - c\rho\frac{\partial\{N\}\{T\}}{\partial t} + \dot{q} = 0 \tag{7.7}$$

　熱伝導有限要素法では，**変分原理**（variational principle）または**ガラーキン法**（Galerkin's method）を用いることによって定式化が行われている。重み付き残差法の一種であるガラーキン法では，要素の形状関数を重み関数として，微分方程式の残差 R_i（例えば，式(7.7)の左辺）に重み関数 w_i を乗じてそれを物体全体で積分することによって，解を求める[2]。

$$\int_V w_i R_i dV = 0 \tag{7.8}$$

式(7.8)に式(7.7)を代入すると，節点ごとの連立方程式を得る。

7.3 熱伝導有限要素法

$$\int_V \{N\}^T k \left(\frac{\partial^2 \{N\}\{T\}}{\partial x^2} + \frac{\partial^2 \{N\}\{T\}}{\partial y^2} + \frac{\partial^2 \{N\}\{T\}}{\partial z^2} \right) dV$$

$$- \int_V \{N\}^T c\rho \frac{\partial \{N\}\{T\}}{\partial t} dV + \int_V \{N\}^T \dot{q} dV = 0 \tag{7.9}$$

式(7.9)にガウスの発散定理を適用し,式(7.4)の熱伝達の境界条件を考慮すると,つぎのようになる.

$$[A]\{T\} + [B]\frac{\partial \{T\}}{\partial t} = \{C\} \tag{7.10}$$

$$[A] = \int_V k \left(\frac{\partial \{N\}^T}{\partial x} \frac{\partial \{N\}}{\partial x} + \frac{\partial \{N\}^T}{\partial y} \frac{\partial \{N\}}{\partial y} + \frac{\partial \{N\}^T}{\partial z} \frac{\partial \{N\}}{\partial z} \right) dV$$

$$+ \int_{S_h} h\{N\}^T \{N\} dS$$

$$[B] = \int_V c\rho \{N\}^T \{N\} dV, \quad \{C\} = \int_V \{N\}^T \dot{q} dV + \int_{S_h} h\{N\}^T T_a dS$$

ここではガラーキン法を用いたが,変分原理によっても式(7.10)が導ける.

式(7.10)の非定常項の取扱いとして,$t + \Delta t/2$ の時点で熱伝導の方程式を解くことにする.中心差分を適用して,節点温度およびその時間微分を次式で近似する.

$$\left.\begin{aligned} \left\{T\left(t + \frac{\Delta t}{2}\right)\right\} &\fallingdotseq \frac{1}{2}[\{T(t + \Delta t)\} + \{T(t)\}] \\ \frac{\partial \left\{T\left(t + \frac{\Delta t}{2}\right)\right\}}{\partial t} &\fallingdotseq \frac{1}{\Delta t}[\{T(t + \Delta t)\} - \{T(t)\}] \end{aligned}\right\} \tag{7.11}$$

式(7.11)を式(7.10)に適用すると,つぎのようになる.

$$\left(\frac{1}{2}[A] + \frac{1}{\Delta t}[B]\right)\{T(t + \Delta t)\} = \left(-\frac{1}{2}[A] + \frac{1}{\Delta t}[B]\right)\{T(t)\} + \{C\} \tag{7.12}$$

上式は Δt 後の節点温度を変数とする線形連立方程式であり,Δt ごとの温度が計算できる.

定常変形の定式化も,ガラーキン法を用いることによって同様な方法で導ける[2]. 定常変形では,式(7.10)における係数マトリックス $[A]$ はつぎのように

表される。

$$[A] = \int_V k\Big(\frac{\partial\{N\}^T}{\partial x}\frac{\partial\{N\}}{\partial x} + \frac{\partial\{N\}^T}{\partial y}\frac{\partial\{N\}}{\partial y} + \frac{\partial\{N\}^T}{\partial z}\frac{\partial\{N\}}{\partial z}\Big)dV$$
$$- \int_V c\rho\Big(\frac{\partial\{N\}^T}{\partial x}\{N\}\{v_x\}\{N\} + \frac{\partial\{N\}^T}{\partial y}\{N\}\{v_y\}\{N\}$$
$$+ \frac{\partial\{N\}^T}{\partial z}\{N\}\{v_z\}\{N\}\Big)dV + \int_{S_h} h\{N\}^T\{N\}dS \quad (7.13)$$

ここで，$\{v_x\}$，$\{v_y\}$，$\{v_z\}$ は節点速度ベクトルであり，変形解析によって得られる．また，係数マトリックス $[B]$ は 0 であり，係数ベクトル $\{C\}$ は非定常変形と同じ式（式(7.10)）になる．

　表 7.1 に有限要素法と差分法の比較を示す．有限要素法は任意形状の物体を取り扱うことができシミュレータを汎用化しやすいが，差分法は基礎式が単純であり計算プログラムの開発が比較的容易にできる．

表7.1　温度解析における有限要素法と差分法の比較

	有限要素法	差分法
定式化	ガラーキン法（または変分法）を用いているため，定式化が多少複雑である	微分方程式を直接解いているために，理解しやすい
解析物体の形状	任意形状をした工具および素材が取り扱える	直交格子を基本としているため，任意形状では座標変換が必要である
定常・非定常温度場	定常および非定常温度場を定式化できる	非定常温度場を対象としており，定常温度場では繰返し計算が必要である
境界条件の処理	熱伝導の境界条件を定式化の中に取り込める	微係数の境界条件を周りの格子点の値から近似する
計算時間	連立方程式を解くため，1回の計算に時間がかかるが，計算ステップを比較的大きくとれる	連立方程式を解かないで1回前の計算ステップの温度から計算するために，1回の計算時間は短いが，計算ステップを小さくしなければならない
計算記憶容量	連立方程式を解くため，記憶容量が大きくなる	格子点ごとの温度が得られるため記憶容量は少ない
変形解析との結合	変形解析に有限要素法を用いる場合は共通の要素を使用できる	直交格子を基本としているため，結合に考慮が必要である

8. 材質予測

8.1 概 要

　鉄鋼材料の熱間圧延においては，**TMCP**（thermo-mechanical contorol process）技術に代表されるように，材質制御技術が積極的に導入され，優れた延性をもった高強度鋼板が製造されており，最近では**超微細粒鋼**（super metal，スーパメタル）の製造技術に関するプロジェクトも進行している。材質予測技術は，その**高張力鋼板**（high tensile steel）の開発に貢献しており，今後ますます期待されている。

　鍛造の分野では，ニアネットシェイプ，さらには**ネットシェイプ**（net shape）へと高精度鍛造品を効率よく製造できるような技術，環境を構築すべく研究が進められている。これには，計算機や有限要素法をはじめとした解析技術の進歩の貢献が大きく，5章で紹介したように材料の塑性変形と熱との連成解析，さらに工具の弾性変形も取り込んだ解析が可能な状況にある。しかし，最近では形状・寸法ばかりでなく低コストで優れた材質の部品製造の要求が高まっており，いわゆるネットシェイプ＋ネットクォリティ成形を目指す時代になってきたといえる。コスト，リサイクルの面からも合金成分を変えることなく材質をつくり分ける技術に対する期待は大きい。

　塑性加工後の材質・性質の予測手法は，熱間圧延・制御圧延の分野で発展してきた[1),2)]。ここではほとんどのモデルがSellers[3)]，矢田ら[4)]の研究をもとにしたものであり，結晶粒径などの組織をまず予測し，それをもとに機械的性質を

求めるものである。圧延は，変形が定常で単純化できるので，ひずみ，ひずみ速度，温度などを材料内で一様と仮定して予測式は導かれているが，鍛造の場合には変形が非定常でひずみなどが大きく分布するので，取扱いが単純ではない。しかし，前述のように熱との連成有限要素解析が実用段階に入りつつある現在では，鍛造加工における材質予測精度も向上していくものと考えられる[5),6)]。そして，材料流動や型への負荷だけを考えるのではなく，加工後の組織，機械的性質もねらいをつけた新たな鍛造の工程設計，プロセス設計手法が完成し，部品全体が均一な，さらに進化して部分的に特性の異なる鍛造品ができるものと思われる（**図8.1**）ここでは，鍛造加工を中心とした材質予測技術について述べる[7)]。

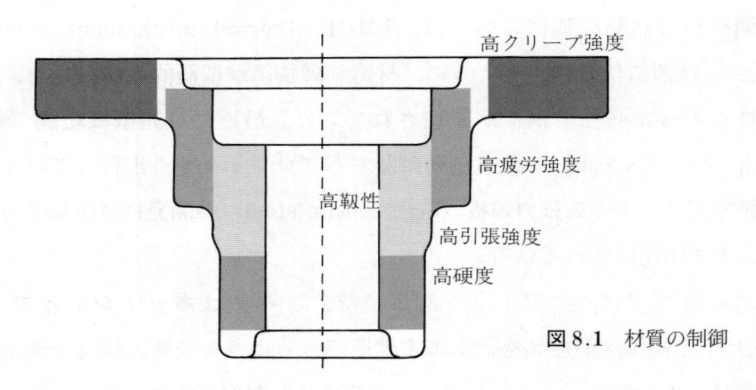

図8.1 材質の制御

8.2 材質予測と組織制御

図8.2は材質予測システムの一例である[8),9)]。塑性変形（ひずみ）と温度の履歴が再結晶（動的再結晶，静的再結晶，粒成長），変態，回復，析出などの組織変化に影響し，結果としてそれが機械的性質に影響する。また，延性が不足する場所では，割れなどの欠陥を引き起こすことにもなる。塑性変形の解析に必要な変形抵抗（流動応力）は，予測結果の一つとして決められるものであるから，全体が一つの系となる。現在までに鍛造の分野でこの系を統合モデル

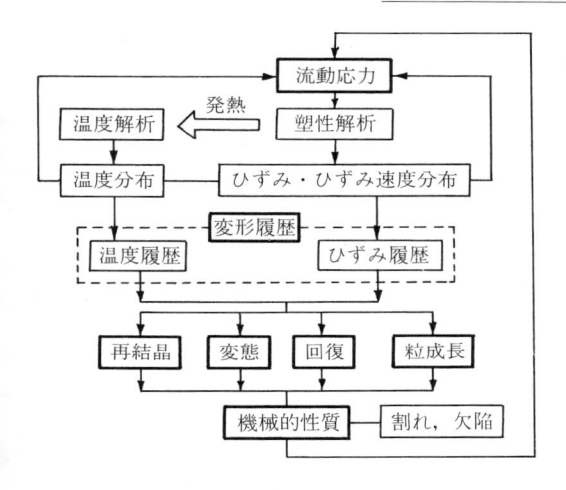

図8.2 材質予測システム（吉野雅彦，白樫高洋：鍛造における材質予測，塑性と加工，**33**, 382, p.1285 (1992) より許可を得て転載）

として厳密に解析した例は報告されていないが，いろいろな近似や手法を用いて予測しようという努力がなされている．また，材質予測システムをベースとして，非調質鋼の制御鍛造に関する研究も進められており[10]，それについては後述する．

8.3 熱間鍛造における材質予測式

Sellers, 矢田らの熱間圧延で提案された基礎式をベースとした方法[3),4)]について述べる．

熱間加工シミュレータにより各種条件下で圧縮を行い，その試験結果から熱間圧延の材質予測のために提案された予測モデル式を**表8.1**に示す．これらの式は，**図8.3**に示す熱間加工中に生ずるオーステナイトの動的再結晶，動的回復，静的再結晶，静的回復および粒成長といった各現象を記述している．さらに，**図8.4**は鋼の冷却過程における変態現象と生成する組織を示しており，オーステナイトが冷却速度によりどの組織になるかをモデル化しなければならない．これらのモデル式がそのまま非定常，不均一変形の鍛造に適用できるかどうかは実験との対応をとりながら確認する必要がある．

8. 材質予測

表 8.1 熱間圧延組織予測モデル式（矢田 浩：鋼の熱間圧延工程での材質の予測制御，塑性と加工，**28**，316，p.418（1987）より許可を得て転載）

復旧過程		計算式	
① 動的再結晶	限界ひずみ	$\varepsilon_c = 4.76 \times 10^{-4} \exp(8\,000/T)$	(a)
	粒径	$d_{dyn} = 22\,600\{\dot{\varepsilon}\exp(Q/RT)\}^{-0.27} = Z^{-0.27}$	(b)
		$Q = 63\,800$ cal/mol	
	再結晶率 $\Big\{$	$X_{dyn} = 1 - \exp\left\{-0.693\left(\dfrac{\varepsilon - \varepsilon_c}{\varepsilon_{0.5}}\right)^2\right\}$	(c)
		$\varepsilon_{0.5} = 1.144 \times 10^{-3} d_0^{0.28} \dot{\varepsilon}^{0.05} \exp(6\,420/T)$	(d)
	転位密度* $\Big\{$	$\rho_{s0} = 87\,300\{\dot{\varepsilon}\exp(Q/RT)\}^{0.248} = 87\,300 Z^{0.248}$	(e)
		$\rho_s = \rho_{s0} \exp\{-90\exp(-8\,000/T)t^{0.7}\}$	(f)
② 動的回復*		$\rho_e = \dfrac{c}{b}(1 - e^{-b\varepsilon}) + \rho_0 e^{-b\varepsilon}$	(g)
③ 動的再結晶後の粒成長		$dy = d_{dyn} + (d_{pd} - d_{dyn})y$	(h)
		$d_{pd} = 5\,380 \exp(-6\,840/T)$	(i)
		$y = 1 - \exp\{-295\dot{\varepsilon}^{0.1} \exp(-8\,000/T)t\}$	(j)
④ 静的再結晶	粒径	$d_{st} = 5/(S_V \varepsilon)^{0.6}$	(k)
		$S_V = \dfrac{24}{\pi d_0}(0.491 e^{\varepsilon} + 0.155 e^{-\varepsilon} + 0.143\,3 e^{-3\varepsilon})$	(l)
	再結晶率	$X_{st} = 1 - \exp\left\{-0.693\left(\dfrac{t - t_0}{t_{0.5}}\right)^2\right\}$	(m)
		$t_{0.5} = 0.286 \times 10^{-7} S_V^{-0.5} \dot{\varepsilon}^{-0.2} \varepsilon^{-2} \exp(18\,000/T)$	(n)
⑤ 静的回復*		$\rho_r = \rho_e \exp\{-90\exp(-8\,000/T)t^{0.7}\}$	(o)
⑥ 粒成長		$d^2 = d_{st}^2 + 1.44 \times 10^{12} \exp(-Q/RT)t$	(p)

* 転位密度 ρ [1/cm²] と変形応力 σ [kgf/mm²]($=9.806\,65$ N/mm²) の関係。
$\sigma = 1.4 \times 10^{-4} \sqrt{\rho}$

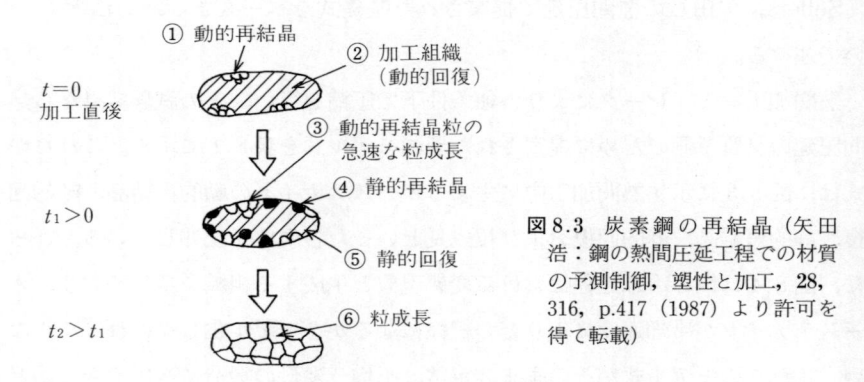

図 8.3 炭素鋼の再結晶（矢田 浩：鋼の熱間圧延工程での材質の予測制御，塑性と加工，**28**，316，p.417（1987）より許可を得て転載）

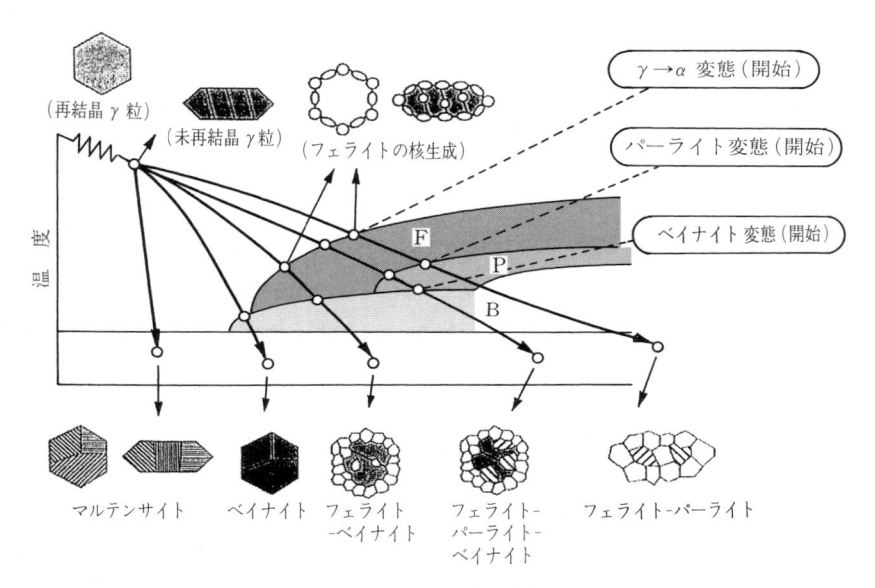

図 8.4 鋼の変態と組織

8.3.1 動 的 再 結 晶

Sellers，矢田らは鉄鋼材料に対して，変形中に材料内部のひずみ（ε）がある限界ひずみ ε_c を越えたとき動的再結晶が生じ，その限界ひずみは次式のようにピークひずみ ε_p の 0.8 倍であるとした。

$$\varepsilon_p = 4.9 \times 10^{-4} d_0^{0.5} Z^f \tag{8.1}$$

$$\varepsilon_c = 0.8\varepsilon_p \tag{8.2}$$

ここで，f は 0.15 から 0.175 までの C 量によって決まる値であり，d_0 は初期粒径，Z は Zener-Hollomon パラメータである。また，再結晶後の粒径は次式で決定した。

$$d_{dym} = 22\,600 Z^{-0.27} \tag{8.3}$$

$$Z = \dot{\bar{\varepsilon}} \exp\left(\frac{Q}{RT}\right)$$

そして，動的再結晶の割合を次式で表現した。

$$X_{dym} = 1 - \exp\left\{-0.693\left(\frac{\varepsilon - \varepsilon_c}{\varepsilon_{0.5}}\right)^2\right\} \tag{8.4}$$

ここで

$$\varepsilon_{0.5} = 1.144 \times 10^{-3} d_0^{0.28} \dot{\varepsilon}^{0.05} \exp\left(\frac{6\,420}{T}\right) \tag{8.5}$$

8.3.2 静的再結晶

静的再結晶は，変形で導入された転位のほとんどが同時に消滅するプロセスであり，多くのモデルで次式のような Avrami 式が採用されている。すなわち，矢田らの式を例にとると再結晶率は次式のようになる。

$$X_{st} = 1 - \exp\left\{-0.693\left(\frac{t - t_0}{t_{0.5}}\right)^{n_r}\right\} \tag{8.6}$$

ここで

$$t_{0.5} = 2.2 \times 10^{-12} S_v^{0.5} \dot{\varepsilon}^{0.2} \varepsilon^{-2} \exp\left(\frac{30\,000}{T}\right) \tag{8.7}$$

$$S_v = \frac{24}{\pi d_0}(0.491 e^{\varepsilon} + 0.155 e^{-\varepsilon} + 0.143\,3 e^{-3\varepsilon}) \tag{8.8}$$

であり，$n_r = 2$ とすればよいが，モデルによっては初期粒径，ひずみ，温度の関数とするものもある。このときの結晶粒径は次式のようになる。

$$d_{st} = \frac{5}{(S_v \varepsilon)^{0.6}} \tag{8.9}$$

8.3.3 粒成長

オーステナイト粒の再結晶により，変形によって導入された内部エネルギーのほとんどを放出するが，組織はまだ準安定状態であるため，高温状態では残留エネルギーにより粒成長する。

$$d^2 = d_{st}^2 + 1.44 \times 10^{12} t \exp\left(\frac{-Q}{RT}\right) \tag{8.10}$$

8.3.4 変態

一般に鋼の変態は，炭素の拡散に律速される核生成-成長過程と考えられる。変態速度は，変態率を X とすると，核生成速度 I と成長速度 G が時間によらない場合，次式で書ける[4]。

$$\frac{dx}{dt} = 4.046\,(k_1 IS)^{1/4} G^{3/4} \left(\ln\frac{1}{1-X}\right)^{3/4}(1-X) \qquad (8.11)$$

ここで，S は単位体積当りの核生成サイト，k_1 は連続冷却実験により決定される定数である。I と G を温度と成分の関数として表し，任意の冷却経路に対して変態量を計算する。

また，非調質鋼のように析出強化を利用する材料に対しては，析出現象の考慮も必要である。

8.3.5 計算手順

変形抵抗は，別に求めた式（例：$\bar{\sigma} = 0.36 Z^{0.12}$）を使って，有限要素法により温度，ひずみ，ひずみ速度を計算する。ひずみが限界ひずみを越えた領域には，式(8.3)～(8.5)を適用して動的再結晶の割合，粒径を計算する。越えない領域は式(8.6)～(8.9)により静的再結晶割合，粒径を算出する。この計算は微少時間ごとに行い，残留ひずみは次式で仮定し，再結晶が完了するまで繰り返す。

$$\varepsilon_{i+1} = \varepsilon(1 \times X_{st}) \qquad (8.12)$$

その後，温度と焼入れまでの時間をもとに式(8.10)より最終的な粒径を計算する。

これら組織と粒径をもとに，硬さ，引張強度，変形抵抗などの機械的性質が求められる。組織から機械的性質の予測はほとんどが回帰式を用いている[6]。

柳本らは，前述の基礎式を増分形解析手法により FEM と連成させて解析する手法を開発し[11]，熱間圧延や熱間鍛造の材質予測に適用し，実測とのよい一致を得ている。

以上より，広い範囲の鋼種や加工条件で確認する必要があるが，熱間圧延の

分野で提案された手法が鍛造でも使用できるようである。

8.4 制御鍛造のシミュレーション例[10],[17]

　最近自動車部品に多用されている非調質鋼は，加工後に焼入れ，焼戻しなどの熱処理を行う調質鋼に比べて強度や靭性が劣ることが以前より指摘されている。この問題に対して，非調質鋼に加工熱処理[12]〜[16]を適用することにより，フェライト・パーライト型非調質鋼（以降F+P型非調質鋼と呼ぶ）は調質鋼並み，またはそれ以上の特性が得られることが従来の研究により確認されている。鍛造と加工熱処理プロセスを組み合わせた制御鍛造により非調質鋼の強靭化が可能である。

　制御鍛造（controlled forging）とは加工熱処理プロセスの一つであり，これによって機械的性質（引張強度，降伏強度，伸び，絞り，靭性，延性）を向上させるものである。制御鍛造の特徴は，鍛造温度と冷却速度をコントロールすることで（F+P）組織を微細化し機械的性質を向上させる点にある。その概略図を**図8.5**に示す。Ar_3点以上，再結晶温度前後の温度域で鍛造を行い，その後，制御冷却して（F+P）組織とする。

　（F+P）組織を微細化するためには，変態前のオーステナイト粒を微細化す

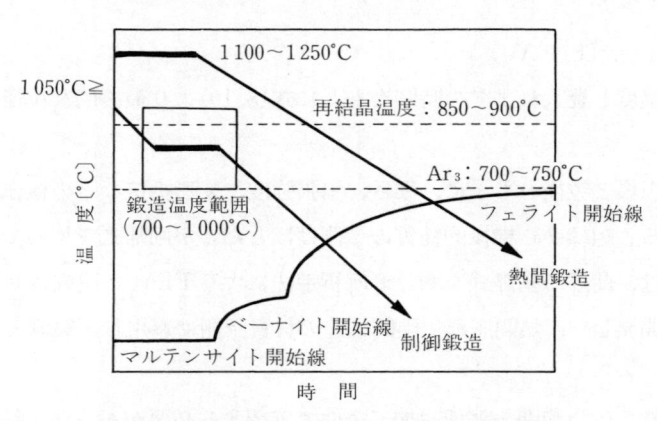

図8.5　制御鍛造プロセスの温度履歴（CCT線図）

ること,および転位密度の高い加工硬化オーステナイトから(F+P)変態させること[14],冷却速度を速めること(過冷度を高めること)の3点が最も有効な手法であると考えられる。この間,組織は鍛造によって微細化されたγ粒界および導入された転位が変態時に核生成サイトとして働き,微細なフェライトが生成する。制御鍛造は,これらの現象を利用することによって実現される。簡単な制御鍛造の結晶粒微細化メカニズムを通常の熱間鍛造と比較して図8.6に示す。

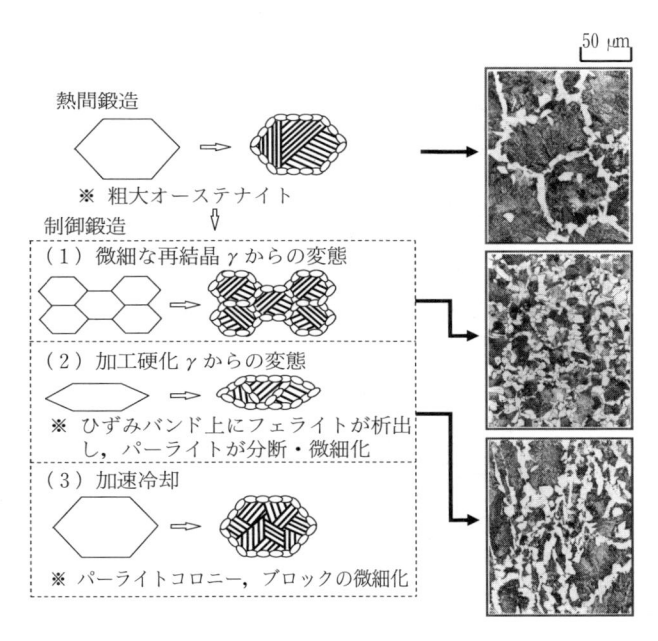

図8.6 フェライト-パーライト組織の微細化手法

非調質鋼に対する材質予測モデルは,基本的には8.3.1項で紹介した予測式を参考にして,均一圧縮試験により各種パラメータを決定して求め,基本式にないものは新たなモデルを作成する。必要な予測式をまとめて図8.7に示す。

鍛造前の初期オーステナイト粒径をベースにして,鍛造時の動的再結晶粒径およびその分率の計算式,鍛造後の静的再結晶粒径と分率およびその後の粒成長の計算式,フェライト(F)+パーライト(P)変態によるフェライトおよび

8. 材質予測

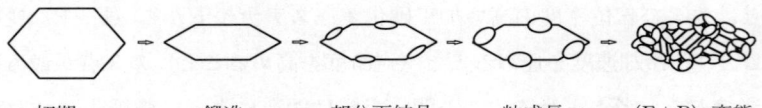

初期γ　→　鍛造　→　部分再結晶　→　粒成長　→　(F+P) 変態

	γ組織の予測	F+P組織の予測	機械的性質の予測
初期γ粒径の予測	〈加工硬化γ〉 ・転位密度の予測 ・軟化率の予測	・F, P粒径の予測 ・F, P分率の予測	・硬さ ・引張強度 ・降伏強度 ・延性（絞り）
	〈再結晶γ〉 ・動的再結晶粒径の予測 ・動的再結晶分率の予測 ・動的再結晶境界条件の予測 ・静的再結晶粒径(粒成長)の予測 ・静的再結晶分率の予測 ・静的再結晶境界条件の予測	・F, P粒径の予測 ・F, P分率の予測	

図 8.7　材質予測式の概要

パーライトの粒径と分率の計算式，およびその組織から硬さ，引張強度，降伏強度および延性を予測する式からなる。それらの予測式をFEMに組み込んだ

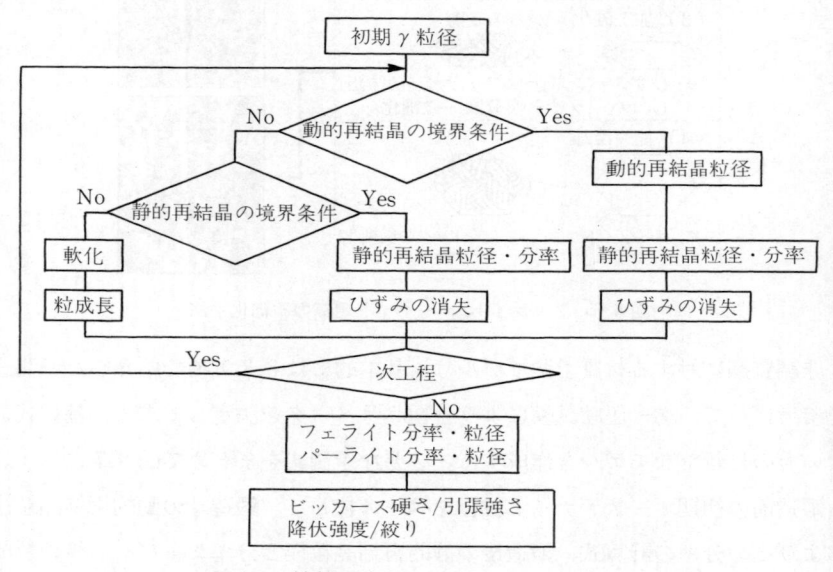

図 8.8　材質予測システムのフローチャート

材質予測システムを作成し,実際の熱間鍛造によりその精度を確認した。図8.8にその計算フローチャートを示す。ここではMARC/AutoForge 3.1-SP 1で計算した例を紹介する。

図8.9に解析の妥当性を検討するための鍛造工程を示した。バナジウム非調質鋼を対象に2工程でスパイク形状に鍛造するものである。

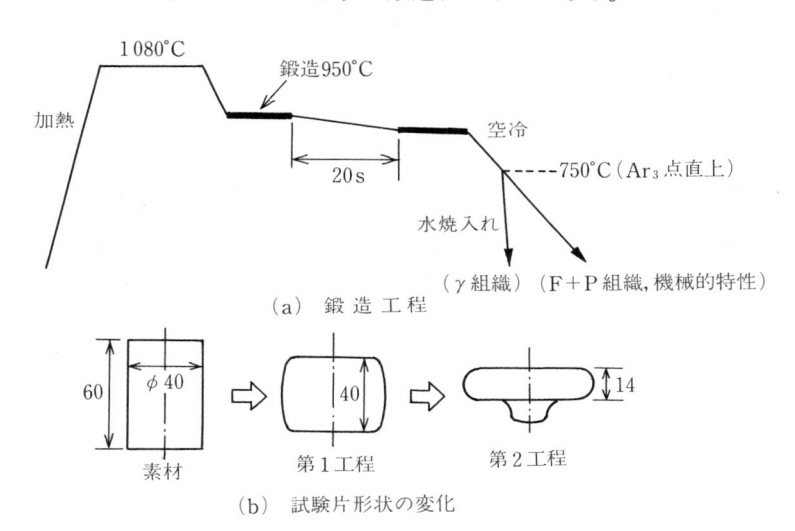

```
        1 080°C
         ___      鍛造950°C
        /   \      ___          空冷
   加熱 /     \____/   _____
                  20 s    \    ----- 750°C (Ar₃点直上)
                           \
                        水焼入れ
                       (γ組織)   (F+P組織,機械的特性)
```

(a) 鍛造工程

```
 ┌──┐          ┌────┐           ╭──────╮
 │φ40│  ⇒     │ 40 │    ⇒      │      │ 14
60│  │          │    │           ╰──╥───╯
 │  │          └────┘              ╨
 └──┘
  素材          第1工程            第2工程
```

(b) 試験片形状の変化

図8.9 材質予測システムの精度検証実験[17]

図8.10は2工程終了後のオーステナイト粒径の実測結果であり,ひずみの大きいA部の結晶粒径が一番小さく,B部,C部の順に大きくなっている。図8.11に計算結果と実測結果との比較を示す。ひずみの微小領域(C点)以外,計算結果は実測値とよく一致している。図8.12は室温まで空冷したときのF+P組織の実測値である。白い部分がフェライト,黒い部分がパーライトである。完全に再結晶した微細なγ組織から変態したA部およびB部のF+P組織は微細で,未再結晶から変態したC部のF+P組織は粗い組織となっている。

図8.13はF+P組織の計算結果で,図8.12と比較し両者はほぼ一致している。図8.14は機械的性質の計算結果であり,硬さ,引張強度,降伏強度,絞

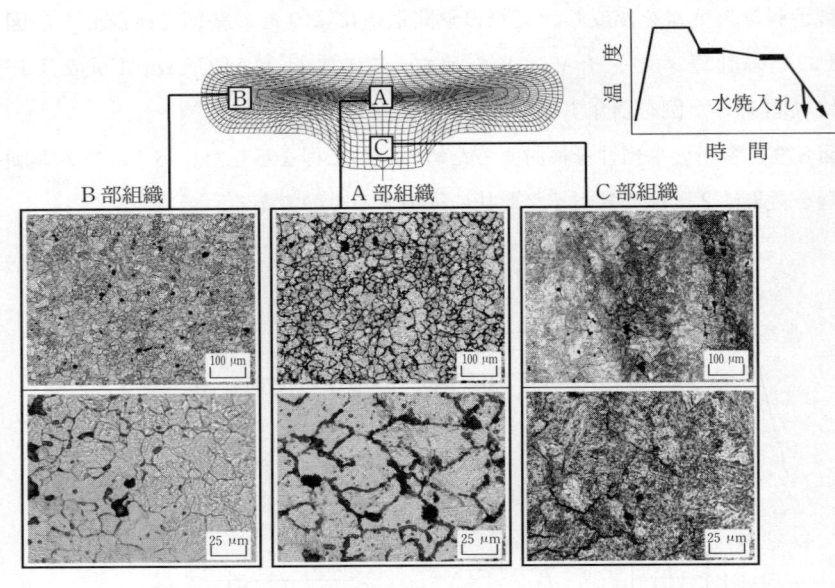

8. 材質予測

図 8.10 2工程終了後，750℃まで空冷した後水冷したときの γ 組織

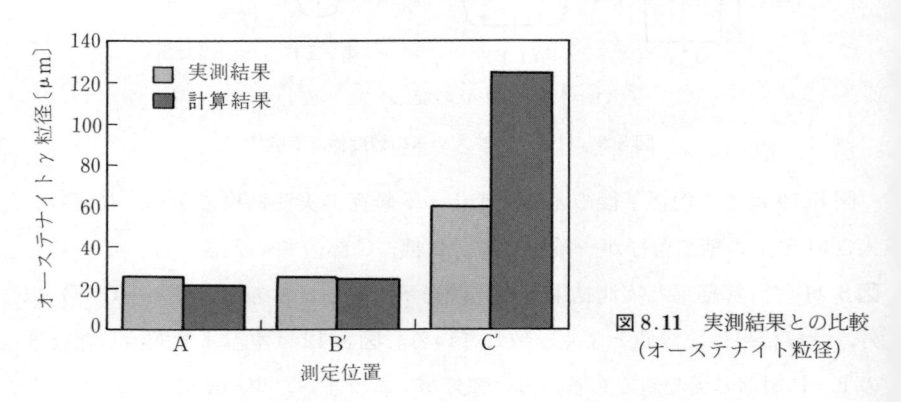

図 8.11 実測結果との比較（オーステナイト粒径）

り値の分布を示している。**図 8.15** は例として硬さを比較したものである。両者よく一致しており，この予測システムが利用に耐えうるものであることがわかる。実部品設計への適用が期待されている。

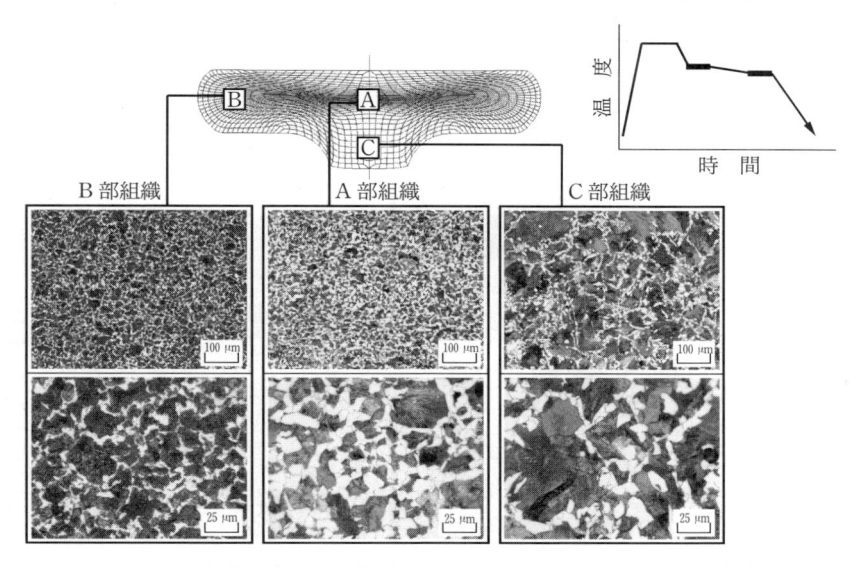

8.4 制御鍛造のシミュレーション例　　117

図 8.12　2 工程後，室温まで空冷したときのフェライト＋パーライト組織[17)]

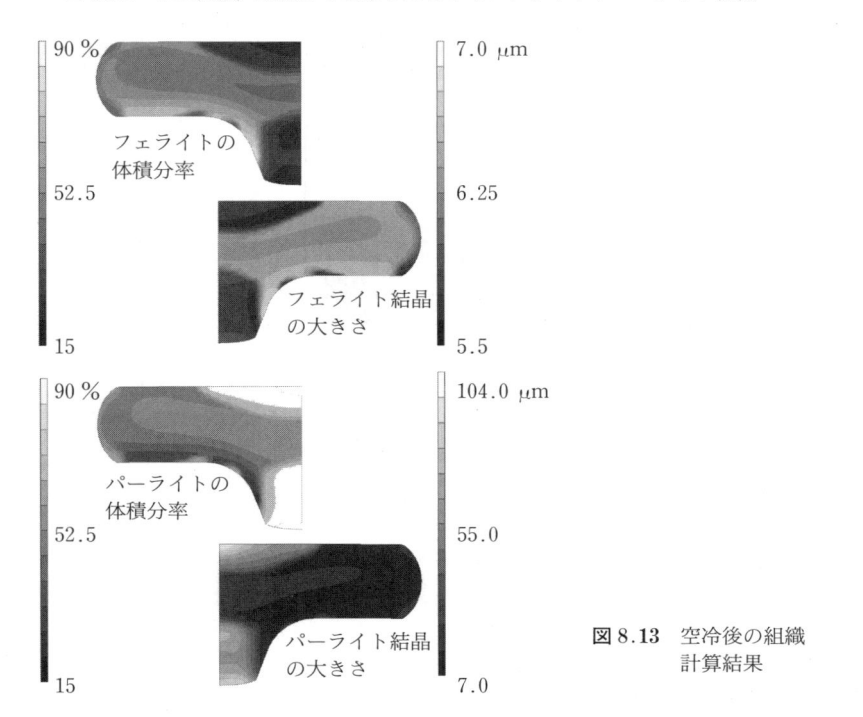

図 8.13　空冷後の組織計算結果

図 8.14 機械的性質計算結果

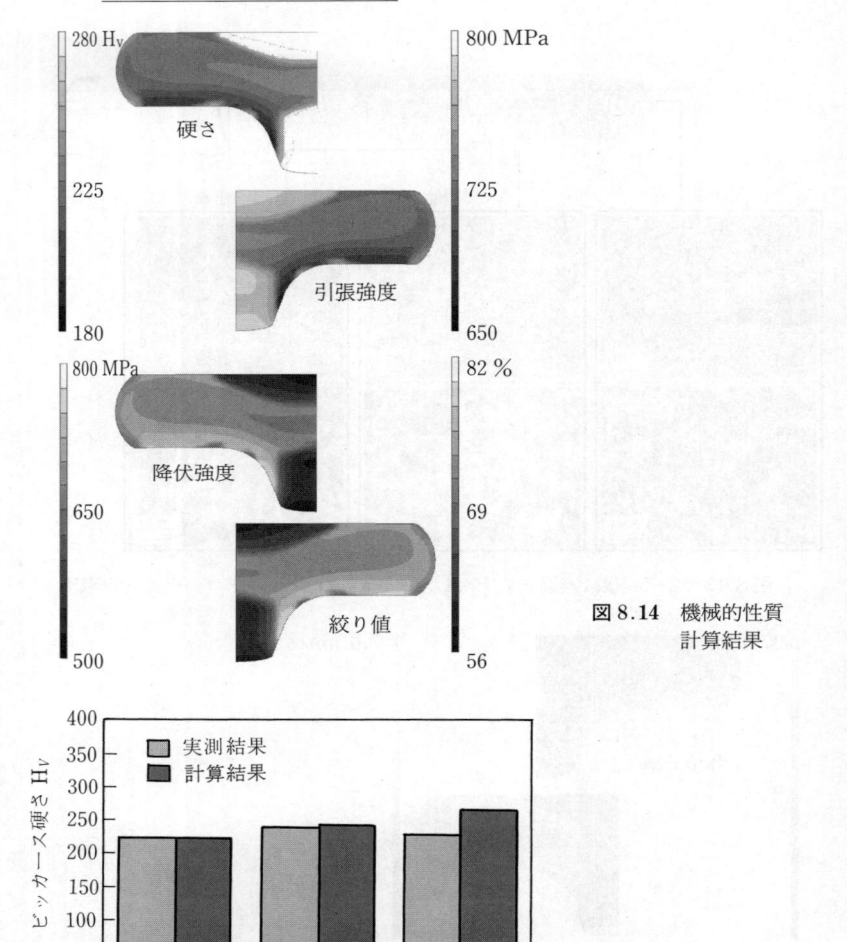

図 8.15 実測値との比較（ビッカース硬さ）

9. 延性破壊予測

9.1 概　　要

　延性破壊 (ductile fracture) の発生は，多くのバルク材加工において加工限界を決める重要なファクタである．例えば，鍛造においては据込みなどにおけるバルジ変形部の表面割れ，丸棒などの側面圧縮時に生じる中心割れなど，板圧延においては低延性材を圧延した場合に生じる板端部の耳割れや板先端部が上下に割れるわに口割れなど，押出しや引抜きにおいては棒中心部が矢じり状に割れるシェブロンクラックなどが，その代表的なものである．また材料の割れを積極的に利用した加工法としては，素材を所定形状に切断するためのせん断加工や，シームレスパイプの製造のためのせん孔圧延などがある．
　延性破壊の発生を予測することは変形解析を行う大きな目的の一つであり，正確な破壊予測手法が確立されれば製品不良の発生を未然に防ぎ，製品設計，プロセス設計を最適化することができ，製造コストを削減し，製品品質を向上させることに大きく貢献する．
　本章では，延性破壊解析についての理論や各種破壊条件式，およびその適用例などを紹介する．

9.2 延性破壊条件

　延性破壊は材料の加工に対して非常に重要な現象であるため，それが発生す

る条件，いわゆる**延性破壊条件**（ductile fracture criteria）の式を求めようとする努力が従来より多くの研究者によって行われている。

変形形態がある程度限定されている場合には，それと類似の実験を行って限界を実験式として決定することができる。例えば鍛造加工でよく見られる据込み割れについては工藤ら[1]をはじめ，多くの研究者が詳細な実験を行っており，それらの結果をもとに

$$\varepsilon_\theta + \frac{\varepsilon_z}{2} = C \tag{9.1}$$

という破壊条件が求められている。しかしながら，この破壊条件式は，材料が円柱据込みの側面部分と類似の変形履歴を受ける場合にしか適用できない。多様な変形履歴にも適用できるような一般的な破壊条件式を求めるためには，別のアプローチが必要である。

材料の破壊は本来，原子どうしが外力により離れていくことによって生じるきわめて微視的な現象である。そのような材料のミクロ的な分離が積み重なってメゾスコピックな**ボイド**（void）などの発生となり，最終的にマクロ的な材料の破壊として認識される。したがってそのような原子レベルの材料の挙動への考察はもちろん重要であるが，実際の加工中の材料の破壊を予測するにおいては材料の全領域においてそのようなミクロ的な解析を行うことは現実的ではなく，また仮にそうしたとしても，その結果が現実のマクロ的な破壊と一致する保証はない。そこで加工中の材料の破壊を考えるうえでは，もう一段上のメゾスコピックな挙動を考慮しながら，なんらかの近似あるいは仮定のうえでマクロ的な破壊と結び付けることが多く行われており，さまざまな実験や考察から多くの延性破壊条件式が提案されている。ここでは代表的な条件式について説明する。

9.2.1 ボイドの成長・合体条件

材料中にボイドを仮定し，そのボイドが成長して合体する条件を破壊条件とする研究は古くから行われている。

McClintock[2]は中心に円柱状のボイドのあるユニットセルが規則的に並んでいるような材料を考え,さまざまな応力比におけるボイドの成長と合体について解析を行っている.そして,ボイドが合体するときが破壊発生であるとして次式を得た.

$$\int_0^{\bar{\varepsilon}_f}\left[\frac{\sqrt{3}}{2(1-n)}\sinh\left\{\frac{\sqrt{3}(1-n)(\sigma_1+\sigma_2)}{2\bar{\sigma}}\right\}+\frac{3}{4}\frac{(\sigma_1-\sigma_2)}{\bar{\sigma}}\right]d\bar{\varepsilon}=C_1 \tag{9.2}$$

ここで $\bar{\varepsilon}_f$ は破壊発生時の相当ひずみ,$\bar{\sigma}$ は相当応力,n は加工硬化指数である.Rice and Tracey[3]も球形のボイドを用いて同様なアプローチをしている.その結果から,**平均垂直応力**(mean normal stress)(負の静水圧応力)が引張り側に増加するにつれ破壊限界が急速に小さくなることを明らかにし,平均垂直応力が延性破壊に大きな影響をもつことを示した.

Thomason[4]は隣接する2個の長方形ボイドが合体する条件を,エネルギー的に判定する方法を提案した.これはボイド間の材料のくびれを判定することに相当し,ボイドの大きさの相違を考慮できるなどの特長がある.小森[5]はこの方法を発展させ,平行四辺形のボイドを用いて材料の最大主応力方向を任意にとれるようにして,多パス引抜きの中心割れの解析に適用している.

9.2.2 ボイド理論に基づく巨視的な破壊条件式

前述のように,延性破壊は材料の変形中に材料内の平均垂直応力が引張りの部分に存在する介在物や第2相粒子からボイドが発生し,それが成長,合体を繰り返すことにより巨視的な破壊に至るものである.したがって,そのようなボイドの挙動をなんらかの形でモデル化して破壊条件式を得ているものも多い.ボイドの発生・成長・合体の過程は,材料の変形およびそれが受けてきた応力の履歴に依存する.そのため,当然ながら延性破壊条件式の多くは,変形中の応力の関数をひずみ履歴に沿って積分した形をしている.

Cockcroft and Latham[6]は,ボイドの生成・成長に与える平均垂直応力の影響を最も単純に表すもとのして最大引張り主応力 $\sigma_{\max}$ を選び,それをひず

み経路に沿って積分した次式が，材料によって決まるある値を越えたときに破壊が生じるとした。

$$\int_0^{\bar{\varepsilon}_f} \sigma_{\max} d\bar{\varepsilon} = C_2 \tag{9.3}$$

Brozzo[7]は Cockcroft and Latham の式が板成形において限界を低く見積もることから，ボイドの生成・成長に最も影響を与える二つの因子である最大主応力と平均垂直応力を用いて半実験的に修正し，次式を得ている。

$$\int_0^{\bar{\varepsilon}_f} \frac{\sigma_{\max}}{\sigma_{\max} - C_3 \sigma_m} d\bar{\varepsilon} = C_4 \tag{9.4}$$

小坂田ら[8]もまた平均垂直応力の影響を考慮し，実験的に次式によって破壊限界を表した。

$$\int_0^{\bar{\varepsilon}_f} \langle C_5 + \bar{\varepsilon} + C_6 \sigma_m \rangle d\bar{\varepsilon} = C_7 \quad \langle x \rangle = \begin{cases} x & (x > 0) \\ 0 & (x \leq 0) \end{cases} \tag{9.5}$$

大矢根ら[9]は，多孔質体の降伏関数をベースにし，その体積ひずみがある値を越えたら破壊が生じると仮定した。初期空孔のない材料に対するこの条件式は次式で表される。

$$\int_0^{\bar{\varepsilon}_f} \left(1 + \frac{1}{C_8} \frac{\sigma_m}{\bar{\sigma}}\right) d\bar{\varepsilon} = C_9 \tag{9.6}$$

これらの式中，$C_1 \sim C_9$ は材料定数である。

9.2.3 ボイドの影響を考慮した構成式による方法

ボイドの影響を連続体の塑性構成式に直接取り込んで，解析しようとする手法も研究されている。この場合には，**空孔体積率**（void volume fraction）の変化も同時に計算し，その値が材料によって決まるある限界値を越えたときに破壊が生じる，という破壊条件を用いることが一般的である。

Gurson[10]は，無限媒体中に 1 個の円柱形あるいは球形のボイドが存在する場合の解析から出発して，ボイドを含む材料の降伏関数を次式のように導いている。

$$F(\sigma_{ij},\ \sigma_M,\ f) = \frac{2}{3}\frac{\sigma_{ij}'\sigma_{ij}'}{\sigma_M{}^2} + 2f\cosh\left(\frac{\sigma_{kk}}{2\sigma_M}\right) - (1+f^2) = 0 \quad (9.7)$$

ここで，σ_{ij} はボイドを含んだ連続体に作用するコーシー応力，σ_M は母材の降伏応力，f は空孔体積率である．式(9.7)の右辺第2項は降伏条件の静水圧依存性を表している．この式は $f=0$ のときはミーゼスの降伏条件と一致し，f が大きくなるにつれ外力に対する抵抗が小さくなっていく．

その後，Gurson の降伏関数を用いた結果は，実験の結果あるいは数値解析の結果と比較して破壊限界を大きく見積もることが指摘された．そこで Tvergaard[11]は，空孔が格子状に規則的に並ぶ多孔質体の連続体モデルの数値計算結果と比較して，Gurson の降伏条件式に係数を導入して次式のように修正している．

$$F(\sigma_{ij},\ \sigma_M,\ f) = \frac{2}{3}\frac{\sigma_{ij}'\sigma_{ij}'}{\sigma_M{}^2} + 2q_1 f\cosh\left(\frac{q_2\sigma_{kk}}{2\sigma_M}\right) - (1+q_3 f^2) = 0$$
$$(9.8)$$

そして，$q_1 = 1.5$，$q_2 = 1$，$q_3 = q_1{}^2$ とおくと，数値計算によって得られる変形応答との対応がよいことも述べている．

これらの式を用いる場合には，降伏条件式とは別に空孔体積率が加工条件下でどのように変化していくかという，いわゆる損傷発展式が必要となる．これは通常，式(9.9)のようにボイド率の変化速度 $\dot{f}$ をボイドの発生と成長を分けて考えることが多い．

$$\dot{f} = \dot{f}_{nucleation} + \dot{f}_{growth} \quad (9.9)$$

ボイドの生成はおもに材料中の介在物と母材とのはく離によって生じると考えられている[12),13)．したがってボイド生成項 $\dot{f}_{nucleation}$ は，はく離が生じる条件をさまざまな形で定式化している場合が多い．例えば Needleman and Rice[14]は，応力条件によってボイド生成が決まるとして

$$\dot{f}_{nucleation} = A\dot{\sigma}_M + B\dot{\sigma}_m \quad (9.10)$$

とした．ここで σ_M は母材の変形抵抗，σ_m はマクロ的な平均垂直応力である．Tvergaard[15]は，粘塑性材料におけるボイド生成は母材の塑性ひずみ速度

$\dot{\varepsilon}_M$ によって決まるとして

$$\dot{f}_{nucleation} = B(\dot{\sigma}_M + \dot{\sigma}_m) + D\dot{\varepsilon}_M \tag{9.11}$$

とした。そしてひずみ誘起によるボイド生成の場合は

$$B = 0, \quad D = \frac{f_N}{s\sqrt{2\pi}} \exp\left\{-\frac{1}{2}\left(\frac{\varepsilon_M - \varepsilon_N}{s}\right)\right\} \tag{9.12}$$

であるとしている。ここで，f_N，s，ε_N は材料定数である。

ボイドの成長項は，母材が非圧縮性であることを考慮すると

$$\dot{f}_{growth} = (1 - f)\dot{\varepsilon}_v \tag{9.13}$$

である。ここで，$\dot{\varepsilon}_v$ はボイドも含んだマクロ的な体積ひずみ速度である。

またボイドの合体の影響を取り入れるために，Tvergaad ら[16]は次式の有効空孔体積率 f^* を導入し式(9.8)の f の代わりに用いている。

$$f^*_{(f)} = \begin{cases} f & (f \leq f_c) \\ f_c + \dfrac{\dfrac{1}{q_1} - f_c}{f_F - f_c}(f - f_c) & (f > f_c) \end{cases} \tag{9.14}$$

f_c はボイドの合体が生じる限界，f_F は破壊が生じる限界の空孔体積率である。すなわち，ボイドの合体が生じる空孔体積率以上に f が大きくなると，その領域では f の影響を拡大するような処理がなされている。

9.3 破壊パラメータの決定法

いずれの破壊条件式を用いるにしても，式中には1個ないし数個の破壊に関する材料定数（**破壊パラメータ**（fracture parameters））を含むため，これらをなんらかの方法で実験により決定する必要がある。最も単純には，解析を行おうとしている加工と類似の条件で実験を行い，破壊が生じるまでの加工量を求め，それと同一の条件で解析を行って両者を比較することによりパラメータを決定する方法である。しかし，実際の生産現場ではすべての加工形態に対してそのような実験を行うことは不可能であるし，なによりそのような実験が行えるのであれば，わざわざ破壊条件式を用いた解析を行わなくても実験式で破

壊限界を求めることで十分な精度が得られる。したがって，できるだけ簡単な実験によって破壊パラメータが決定でき，その結果がある程度の汎用性をもつことが要請される。

日本塑性加工学会冷間鍛造分科会では，円柱の据込み試験により材料の据込み性を評価する試験方法の基準を規定している[17]。これは図 9.1 に示す円柱材もしくは切欠付きの円柱材を，図 9.2 の同心円溝付き耐圧板を用いて据え込み，n 個の試験片について $n/2$ 個が割れるとき（割れ率 50 ％）の据込み率を限界据込み率とするものである。Cockcroft and Latham の式のように，破壊パラメータが一つの場合は，この試験と同様な条件で軸対称据込み解析を行い，赤道面最外部の材料が受ける応力・ひずみの履歴をもとに破壊条件式の積分を実験で求めた限界据込み率まで計算することにより，そのパラメータを決定することができる。破壊パラメータが二つ以上の条件式では，例えば高さ比を変える，試験変形状をたる状にする，あるいは引張試験と併用する，など変形経路の異なる別の試験を併せて行わなければならない。

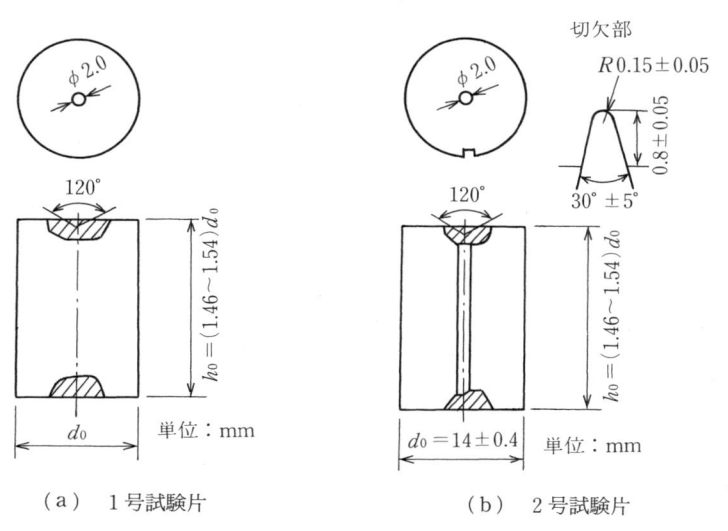

（a）1号試験片　　　（b）2号試験片

図 9.1　冷間据込み性試験の試験片（冷間鍛造分科会材料研究班：冷間据込み性試験方法，塑性と加工，**22**, 241, pp.139〜144（1981）より転載）

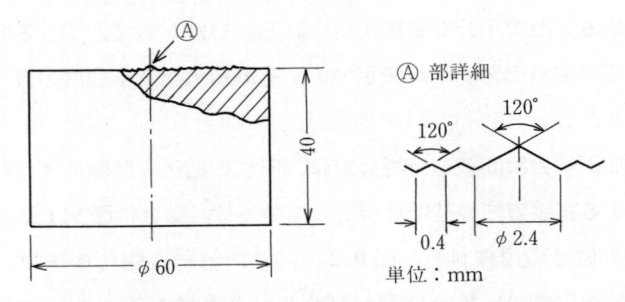

図9.2 同心円溝付き耐圧版（冷間鍛造分科会材料研究班：冷間据込み性試験方法，塑性と加工，**22**，241，pp.139〜144（1981）より転載）

延性破壊はすでに述べたように，平均垂直応力あるいは平均垂直応力と相当応力の比である**応力三軸度**（stress triaxiality）の影響を大きく受ける。そこで材料に作用する平均垂直応力を変えて材料の破壊限界を調べる実験も多く行われている。例えば**図9.3**に示すような切欠付き丸棒の引張試験は古くから行われている。切欠部中心の材料に作用する応力三軸度 $\sigma_m/\bar{\sigma}$ は切欠半径によって変化し，その値は Bridgman の解析[18]により

$$\frac{\sigma_m}{\bar{\sigma}} = \frac{1}{3} + \ln\left(1 + \frac{a}{2R}\right) \tag{9.15}$$

で与えられる。ここで a は最小断面半径，R は切欠部の曲率半径である。

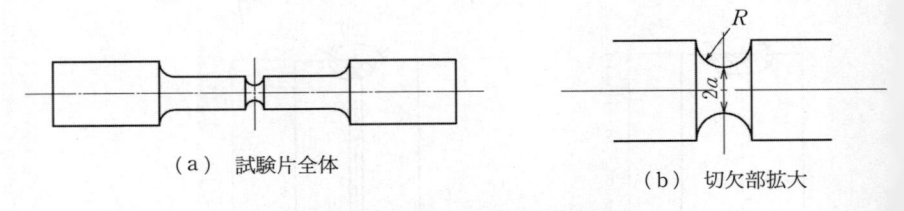

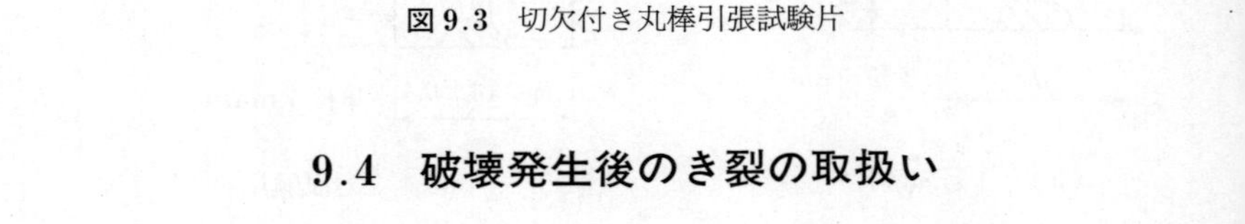

(a) 試験片全体　　　(b) 切欠部拡大

図9.3 切欠付き丸棒引張試験片

9.4 破壊発生後のき裂の取扱い

加工中の材料に破壊（き裂）が生じたときにそれが即製品の欠陥となる，あ

るいは材料全体の破断につながるような場合のように，破壊の発生そのものが問題となる場合は，通常の変形解析中のそれぞれの解析ステップごとに前節で示したような破壊条件式を用いて判定すれば事足りる。しかし，き裂がその後の加工で拡大せずに次第に消失していくような場合や，最終的なき裂の場所が製品上問題にならないような位置に来る場合，あるいはせん断加工のように破壊発生が前提で，き裂の形態，進展方向などが重要である加工のような場合には，破壊発生の判定だけでは不十分であり，破壊発生後のき裂をなんらかの形で解析中で取扱う必要がある。

よく用いられる方法は，図9.4に示すような節点分離法と要素除去法である。節点分離法は破壊が発生した要素を構成する節点を分離する方法であり，最も単純には，節点位置で破壊発生の判定を行って1節点を2節点に分離することによりき裂を進展させる。小森[19]は破壊の発生を要素で判定し，き裂の先端と新たに破壊が発生した要素との位置関係を考慮して節点を分離する方向を定める方法を提案している。すなわち図9.5に示すように，新たに破壊した要素のどの辺も隣接要素から分離していない場合は図(a)のように2節点を4節点に分離し，要素を回り込むように2辺を分離する。破壊要素の1辺がすでに隣接要素から分離している場合はき裂先端側の1節点を2節点に分離し，一つの辺を分離する。

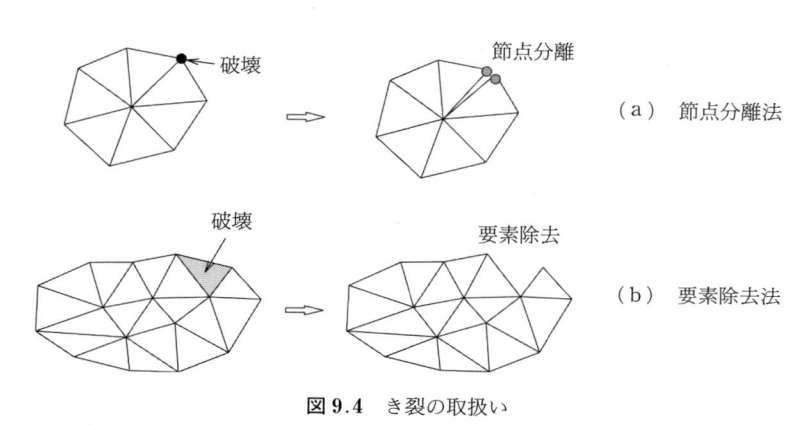

(a) 節点分離法

(b) 要素除去法

図9.4 き裂の取扱い

× 新たに破壊した要素

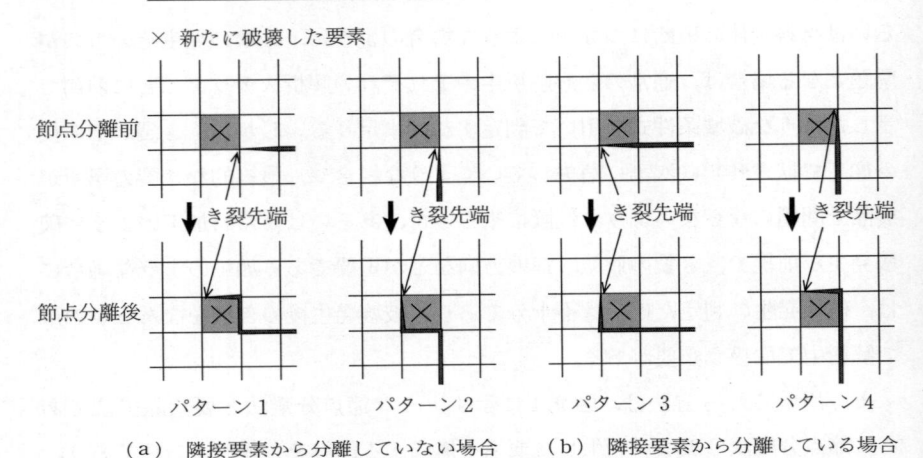

節点分離前				
	↓き裂先端	↓き裂先端	↓き裂先端	↓き裂先端
節点分離後				
	パターン1	パターン2	パターン3	パターン4
	（a）隣接要素から分離していない場合		（b）隣接要素から分離している場合	

図 9.5　節点分離の例[19]

　要素除去法は破壊の発生を要素で判定し，新たに破壊が発生した要素を取り除いていく方法である[20]。この方法では破壊が発生する近傍では相当に細かい要素を使用する必要がある。またき裂境界をスムージングするなどの処理を行う必要がある。

　塑性構成式にボイドの影響を考慮した解析の場合，き裂形状を空孔体積率の分布そのもので表すという方法もある[21]。すなわち，**図 9.6** のように空孔体積率 f が材料で決まる破壊限界値 f_F を越えた部分で破壊が発生したとし，その輪郭線をき裂形状とするが，要素の除去や節点分離などを特に行わずに解析を続ける。したがって，き裂内部にも要素が存在することになるが，この要素は空孔体積率が大きいため，前述のとおり外力に対する抵抗力をほとんどもたない。

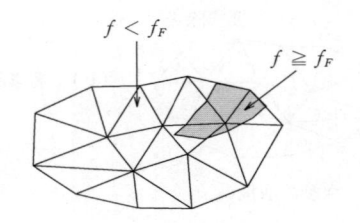

$f < f_F$
$f \geq f_F$

図 9.6　空孔体積率分布によるき裂表現

9.5 シミュレーション例

9.5.1 つば出し鍛造における割れ発生予測

図9.7は，つば出し鍛造においてフランジ円周部に発生する割れ発生の予測を行った例である。材料はS53Cであり，破壊条件式としてCockcroft and Lathamの式を用いた。その定数は前述の切欠付き丸棒の引張試験より求めた。図(a)のような半密閉型の場合には，上ダイスのストロークが9.74 mm

ダメージ値（Cockroft and Latham）
A= 0
B= 62
C=125
D=187
E=250
F=312
G=375
H=437
I=500

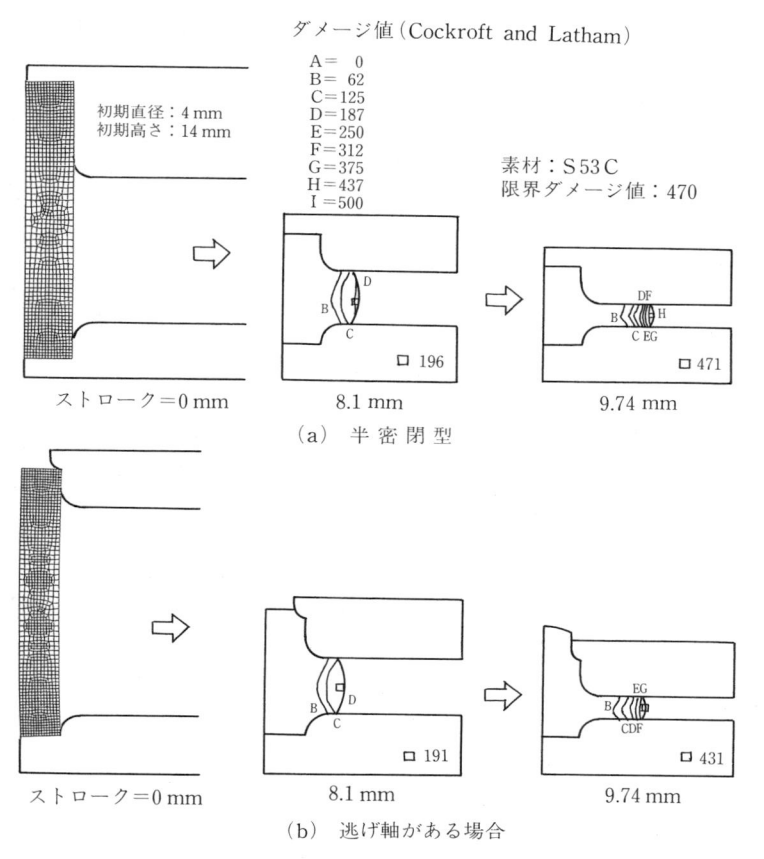

初期直径：4 mm
初期高さ：14 mm

素材：S53C
限界ダメージ値：470

ストローク=0 mm　　8.1 mm　　9.74 mm
(a) 半密閉型

ストローク=0 mm　　8.1 mm　　9.74 mm
(b) 逃げ軸がある場合

図9.7　つば出し鍛造における割れ予測

において，フランジ円周部におけるダメージ値がこの材料の限界ダメージ値である 470 を越えており，この時点で割れが発生することが予測される。一方，図(b)のように上ダイスを一部変更して軸方向にも材料がある程度流れるようにすると，同じストロークにおいても最大ダメージ値は限界ダメージ値を越えておらず，図(a)に比べ割れが発生しにくいことがわかる。

9.5.2 多段押出しにおける内部割れ予測

棒材の多段押出しあるいは多段引抜きにおいては，棒の中心部分において引張りの平均垂直応力が生じるため，しばしばその部分において周期的に並んだ矢じり形状の**シェブロンクラック**（chevron crack）と呼ばれる内部割れを生じる。図 9.8 は多段押出しプロセスにおけるシェブロンクラックの発生の予測を行った例である。S53C の丸棒を多段押出しする際の割れ発生限界を求めている。破壊条件式としては Cockroft and Latham の式（式(9.3)）を用い，その定数は切欠付き丸棒の引張試験より求めている。解析では第 5 工程において積分値（ダメージ値）が限界ダメージ値を越えている。実際の実験においても第 4 工程あるいは第 5 工程で割れが発生しており，予測精度は高い。

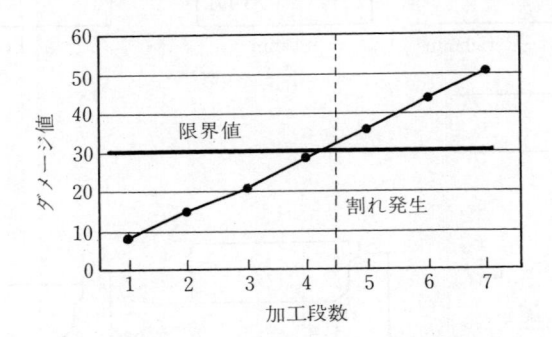

図 9.8 多段押出しにおける内部割れ発生予測
（石川孝司，高柳　聡，吉田佳典，湯川伸樹，伊藤克浩，池田　実：冷間多段押出し成形における内部欠陥の予測，塑性と加工，**42**，488，pp.949〜953（2001），465，pp.992〜996（1999）より転載）

9.5.3 多段引抜きにおけるシェブロンクラック形成のシミュレーション

多段引抜きにおけるシェブロンクラック発生後のき裂形状の予測を小森[19]は行っている。降伏関数として Gurson の式（式(9.7)）を近似した式(9.16)[23]を用い，また損傷発展式として式(9.17)を用いた。

$$F(\sigma_{ij},\ \sigma_M,\ f) = \frac{2}{3}\frac{\sigma_{ij}'\sigma_{ij}'}{\sigma_M^2} + \frac{f}{4}\left(\frac{\sigma_{kk}}{\sigma_M}\right)^2 - (1+f^2) = 0 \qquad (9.16)$$

$$\dot{f} = (1-f)\dot{\varepsilon}_v + A\dot{\bar{\varepsilon}} + B\dot{\sigma}_m \qquad (9.17)$$

図9.9 は，直径13 mm のアルミニウム合金 A 6061 の丸棒を，各パス断面減少率10％ずつ多段引抜きを行ったときの，7段目における内部割れの様子を求めたものである。破壊発生後のき裂は節点分離法により取り扱っている。一つ目のクラックがダイスから遠くなるとつぎのクラックが発生してくる様子が示されている。（図(d)）。これの繰返しにより，周期的な割れが棒内部に生じる。

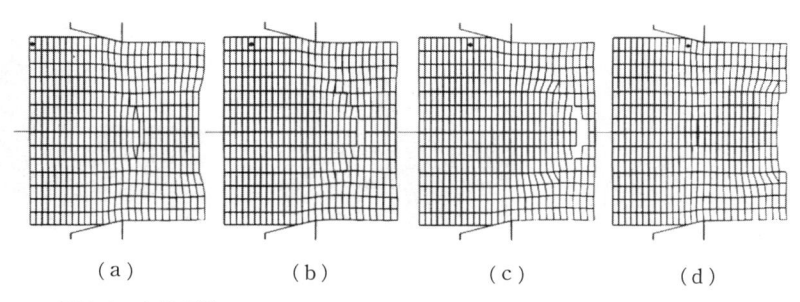

(a)　　　(b)　　　(c)　　　(d)

図9.9 多段引抜きにおけるシェブロンクラック（小森和武：引抜き加工時のシェブロンクラックの数値シミュレーション，塑性と加工，37, 426, pp.755～760 (1996) より転載）

9.5.4 せん断加工のシミュレーション

材料を分離する加工であるせん断加工は，バルク材の加工においても多用されている。例えば鍛造において，長い棒材から個々の鍛造品の体積の円柱素材を切り出す加工などである。

せん断加工は材料の割れを積極的に利用する加工であるため，その解析にお

いては，延性破壊の発生予測および発生後のき裂進展挙動の解析が必須である。また非常に狭い領域に大きな変形が集中するため，ラグランジュ型の有限要素法による解析においては，要素がすぐにつぶれて解析不能となるため，リメッシング（6章参照）が必要である。

図9.10は，吉田ら[21]による板の平面ひずみ打抜き加工の計算例である。修正Gurson型降伏関数（式(9.9)）を用い，ひずみ誘起型の損傷発展式（式(9.11)，(9.12)）を仮定している。また破壊パラメータは，前節で示したような切欠付き丸棒引張試験より求めている。さらに，き裂は空孔体積率の大きさによって表す手法を用いており，節点分離や要素除去は特に行っていない。図を見ると，材料にポンチが押し込まれていくにつれポンチ側面のポンチ角よりやや上の位置からき裂が発生し，ポンチの降下に伴ってき裂が進展していく様子がわかる。

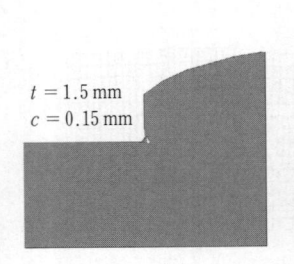

$t = 1.5\,\text{mm}$
$c = 0.15\,\text{mm}$

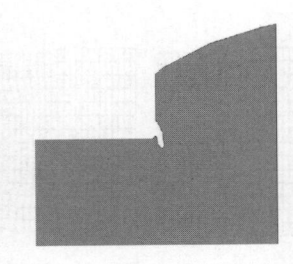

（a）ポンチ押込み率 20％ t
（b）ポンチ押込み率 25％ t
（c）ポンチ押込み率 30％ t

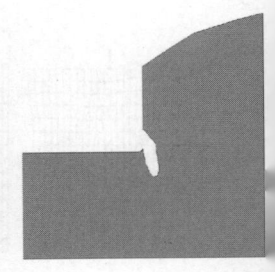

図9.10 せん断加工におけるき裂の進展

図9.11はポンチ角部を実験結果と比較したものであるが，き裂の大きさ，方向，バリの高さなどよく一致しており，このような延性破壊予測方法を用いた解析で，せん断加工条件の最適化などが行えることを示している。

計算機の性能や計算技術の向上に伴って，丸棒せん断などの三次元問題へも適用拡大されるであろう。

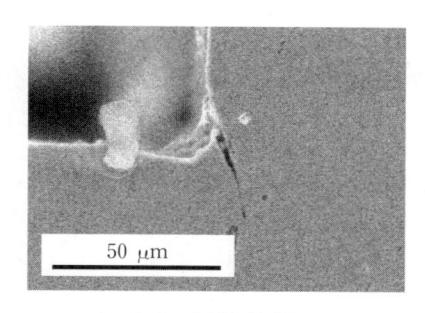

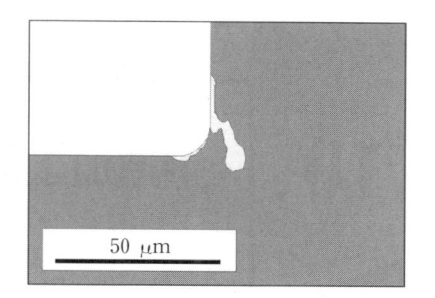

9.5 シミュレーション例　　133

(a) 実験結果　　　　　　　(b) 解析結果

図 9.11 せん断加工の解析と実験の比較

10. 鍛造加工のシミュレーション

10.1 概　要

　鍛造加工はバルク材の代表的な加工法であり，金属塊材を金型で加圧することにより成形する方法である。圧縮変形が主体の加工であるため，素材に大きな変形を加えることが可能である反面，金型に高い圧力が作用して金型の破損を起こしやすい。また，金型-素材間の大きなすべり，熱間・温間鍛造時の素材の加熱や素材の塑性変形による自己発熱などによる潤滑剤・金型の温度上昇などに起因して，金型表面の磨耗や焼付きが生じやすい。さらには変形が大きいことにより，素材自体の割れや表面の巻込みなどのさまざまな欠陥の発生，あるいは再結晶などによる組織の変化なども生じる場合もある。したがって，シミュレーションによって荷重や面圧，素材の流動，素材・金型内部に発生する応力，ひずみ，温度分布などを予測することは，鍛造加工工程の設計，最適化に対して重要である。

　本章では，鍛造加工のモデル化，型鍛造などのシミュレーション例，欠陥発生の予測，温度との連成解析，金型変形との連成解析などについて述べる。なお，鍛造加工における成形限界と関連の深い素材の割れに関しては9章を，また鍛造品の材質予測に関しては8章を参照されたい。

10.2 鍛造加工のモデル化

鍛造加工の最も単純な形態は,円柱の据込み加工である。平行な圧縮板の間で軸対称の材料を圧縮するという単純なものでありながら,材料の大きな流動,金型-材料間の摩擦を伴うすべり,あるいは加工途中での自由表面の金型への接触(**フォールディング**(folding))といった,バルク加工のシミュレーションで考慮しなくてはならない多くの要素を含んでいる。そこでまず円柱の据込み加工について考える。

10.2.1 初等解析法

上下圧縮板に摩擦がないとすれば,素材は均一な一軸変形をする。この場合,金型にかかる圧力は素材の変形抵抗と等しく,**図 10.1**(a)に示すように均一である。しかし圧縮板に摩擦があると,図(b)に示すようにその拘束力により素材は不均一に変形し,また圧力もそれに応じて不均一となる。

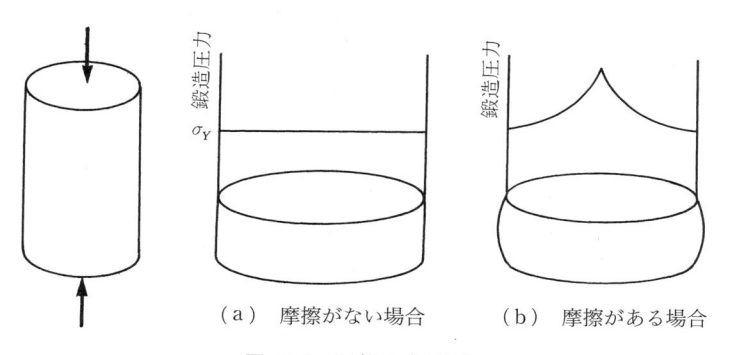

(a) 摩擦がない場合   (b) 摩擦がある場合

図 10.1 円柱の据込み

円柱状素材を圧縮したときの圧力分布を求める簡便な方法の一つに,**スラブ法**(slab method)がある。軸対称問題では**図 10.2**のようなリング状の要素を考え,リングに作用する力の釣合方程式を解く。この際に以下のことを仮定する。

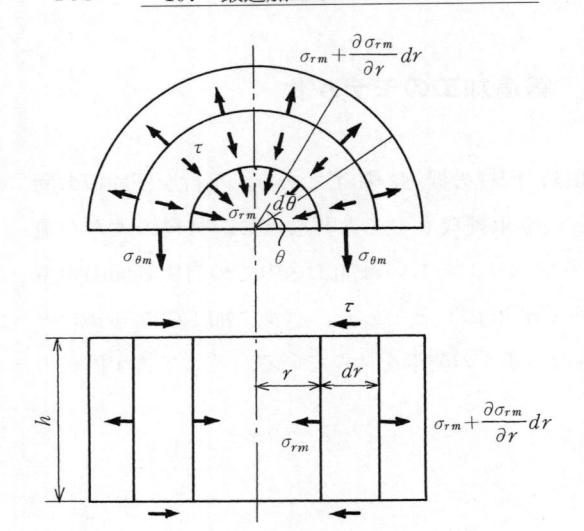

図 10.2 スラブ法による円柱状素材の圧縮の解析

1) 半径方向応力ならびに円周方向応力はそれぞれ高さ方向の平均値 σ_{rm}, $\sigma_{\theta m}$ によって代表させる。
2) 端面に摩擦力が作用する場合でも主応力は軸方向応力 σ_z, 半径方向応力 σ_{rm} ならびに円周方向応力 $\sigma_{\theta m}$ であるとみなし，また σ_{rm} と $\sigma_{\theta m}$ は近似的に等しいとする。

図の半径位置 r, 幅 dr, 高さ h の半割りのリングにかかる力の釣合いは，上下面にかかっている中心に向かう方向の摩擦応力を τ とすると，次式で表される。

$$-\int_0^\pi (\sigma_{rm} r\, h \sin\theta) d\theta + \int_0^\pi \left\{ \left(\sigma_{rm} + \frac{\partial \sigma_{rm}}{\partial r} dr\right)(r + dr) h \sin\theta \right\} d\theta$$
$$-\int_0^\pi (2\tau\, dr \sin\theta) d\theta = -2\sigma_{\theta m} h\, dr \tag{10.1}$$

これを整理し，$dr \to 0$ とすると

$$\frac{\partial \sigma_{rm}}{\partial r} + \frac{\sigma_{rm} - \sigma_{\theta m}}{r} = -\frac{2\tau}{h} \tag{10.2}$$

素材の上下面に作用する圧力を $p(=-\sigma_z)$，材料の流動応力を σ_Y とする

と，仮定 2) よりミーゼスの降伏条件，トレスカの降伏条件いずれにおいても

$$\sigma_{rm} + p = \sigma_Y \tag{10.3}$$

である。摩擦せん断応力が Coulomb-Amonton の法則（$\tau = \mu p$）で与えられるとすると，式(10.2)は仮定 2) と式(10.3) より

$$\frac{\partial p}{\partial r} = \frac{2\mu p}{h} \tag{10.4}$$

と表される。円柱側面は自由表面であるため $\sigma_{rm} = 0$，したがって $r = R$ において $p = \sigma_Y$ であり，これを境界条件とし，また σ_Y は材料内で一定として式(10.4)を解くと

$$p = \sigma_Y \exp\left\{\frac{2\mu(R - r)}{h}\right\} \tag{10.5}$$

を得る。図 10.3 に示すように，圧力は素材の周辺で低く中心付近で高い，いわゆる"フリクションヒル"が計算される。

スラブ法は非常に簡単な解析ではあるが，圧力がどのような分布になるかをおおまかにでも把握することは，適切な設計や最適化のためには重要である。

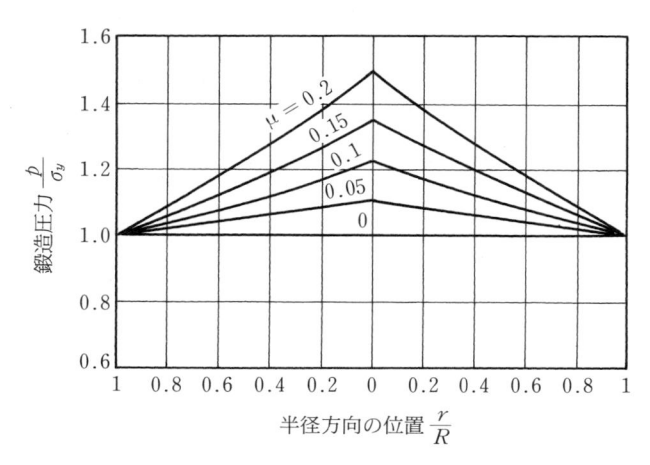

図 10.3 円柱状素材の圧縮における接触圧力分布
（$R/h=1.0$ の場合）

10.2.2 有限要素法による非定常変形解析

鍛造加工では，素材は一般に非定常変形をする。非定常変形を有限要素法で取り扱う場合，変形をいくつかの時間ステップに分割し，ステップごとに節点座標を更新していく方法を用いる場合が多い。同時にステップごとに各要素の変形抵抗を更新することにより，加工硬化の影響を容易に解析に取り込むことができる。また，7章で述べられたような解析によって求まる温度分布や，8章で述べられたような材料組織の変化も考慮して変形抵抗を更新することにより，より精度の高い解析が可能である。

一例として，円柱材の据込み加工の解析例を図 10.4 に示す。このような単

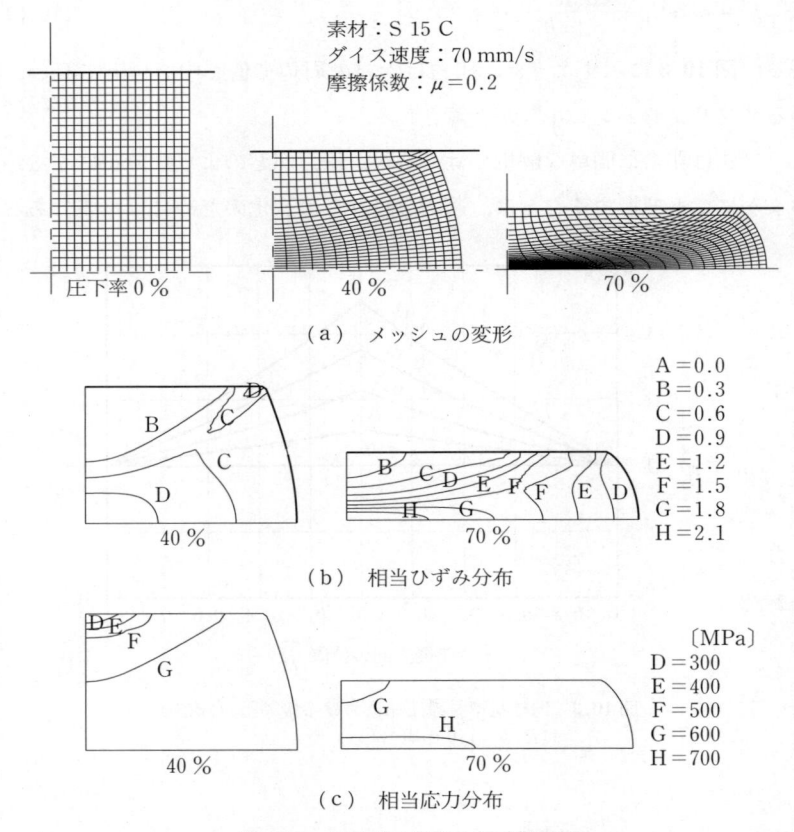

素材：S 15 C
ダイス速度：70 mm/s
摩擦係数：$\mu=0.2$

圧下率 0 % 40 % 70 %

（a） メッシュの変形

A＝0.0
B＝0.3
C＝0.6
D＝0.9
E＝1.2
F＝1.5
G＝1.8
H＝2.1

40 % 70 %

（b） 相当ひずみ分布

〔MPa〕
D＝300
E＝400
F＝500
G＝600
H＝700

40 % 70 %

（c） 相当応力分布

図 10.4 円柱材の据込み加工解析例

純な加工においても，大きなひずみや応力の分布が生じ，それが刻々と変化していることがわかる。また素材の表面がバルジ変形し，金型に接触するフォールディングも生じている。

材料の塑性変形による自己発熱および金型との接触面における摩擦発熱により素材の温度は上昇する。温度の変化は加工速度が速い場合に顕著であり，**図 10.5** に示すように，加工時間が長く発生した熱がかなり金型側に逃げる場合に比べ，加工時間が短い場合には素材の温度はかなり上昇する。また，金型との接触時間が短いため，金型側にはあまり深くまで熱が到達していない。

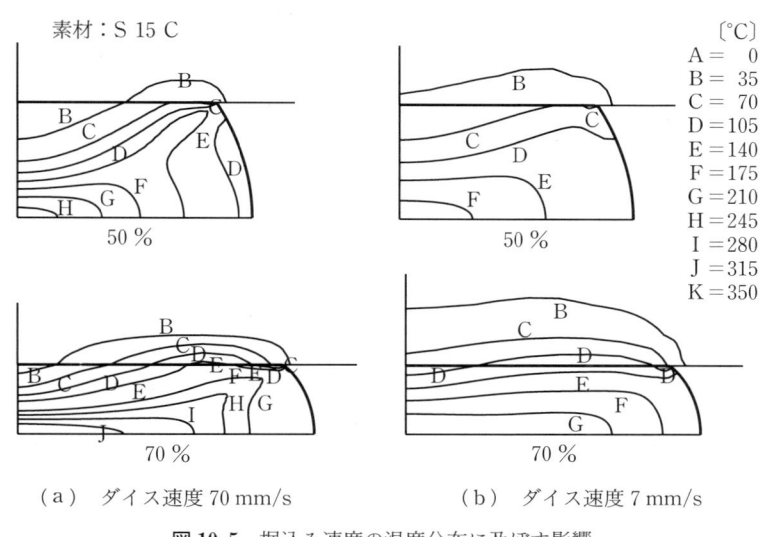

素材：S 15 C

〔℃〕
A = 0
B = 35
C = 70
D = 105
E = 140
F = 175
G = 210
H = 245
I = 280
J = 315
K = 350

50 %　　　　　　　　　50 %

70 %　　　　　　　　　70 %

（a）　ダイス速度 70 mm/s　　　（b）　ダイス速度 7 mm/s

図 10.5　据込み速度の温度分布に及ぼす影響

10.3　鍛造の解析例

型鍛造は，材料を上下型の間でほぼ自由表面がない状態まで圧縮し，金型の形状に素材を成形する加工法である。加工の最終段階においては素材がほぼ密閉され，型に大きな圧力がかかるため，工程の設計を誤ると型の破損，あるいは材料の充満不良などを引き起こしやすい。

図 10.6 は，軸対称部品の型鍛造の解析例[2]である。初期にはリング状である素材が前後方に押出され，金型に充満していく。上下金型の肩付近では非常に大きな変形を受けるために要素がつぶれて，そのままでは計算が途中で続行不能になり，6 章で述べたリメッシングが必要になる。図は，アダプティブリメッシングを行った例であり，変形の厳しい部分あるいは温度こう配の大きい部分に細かい要素が配置されている。

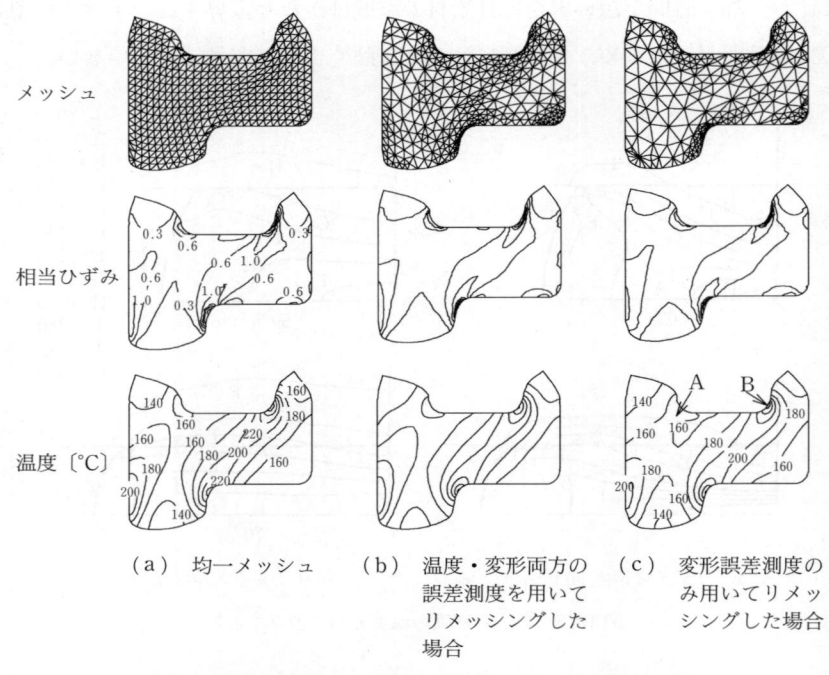

メッシュ

相当ひずみ

温度〔℃〕

(a) 均一メッシュ　(b) 温度・変形両方の誤差測度を用いてリメッシングした場合　(c) 変形誤差測度のみ用いてリメッシングした場合

図 10.6 軸対称部品の型鍛造の解析例（湯川伸樹，石川孝司，難波広一郎：アダプティブ・リメッシング法の変形・温度連成剛塑性 FEM 解析への適用，塑性と加工，**36**，410，pp.248〜253（1995）より転載）

図 10.7 はクランクシャフトの三次元鍛造をシミュレートした結果である。丸棒から徐々に型に材料が充満していく様子がわかる。2.5 節で示した対角マトリックスを用いた剛塑性 FEM[3]を用いており，節点数が非常に多いにもかかわらず，実用的な時間で解を求めることができる。

(a) $\Delta h/h_0 = 0\%$

(b) $\Delta h/h_0 = 52\%$

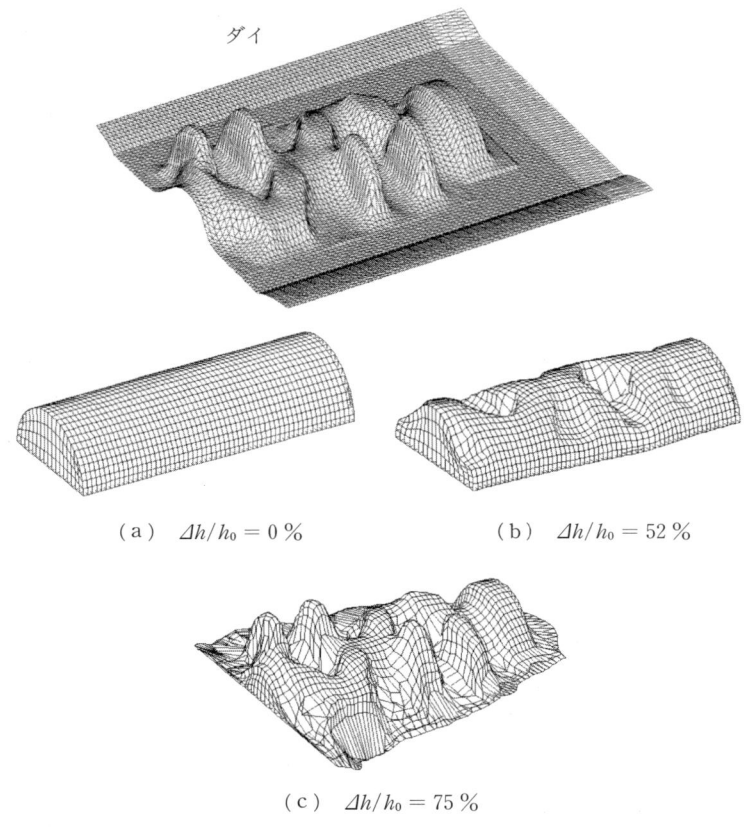

(c) $\Delta h/h_0 = 75\%$

図 10.7　クランクシャフトの鍛造の三次元解析

10.4　欠陥発生の予測

10.4.1　引け，巻込み，欠肉

　カップ状容器の後方押出しにおける底面角部や側面，あるいは押出しにおける軸の底面中央付近などが，周りの材料流動により型から離れる引けが生じる場合がある．また，自由表面が折り畳まれて製品できずとなる巻込みや，材料流動不足により材料が型に十分なじまない欠肉などが生じる場合もある．引け

や巻込み，欠肉については，材料の流動そのものが問題となる欠陥であるため，精度の高い変形解析を行うことにより予測が可能である。

図 10.8 は中空円柱を据え込んでフランジとする成形の解析例である。図（a）のように高さ比 h/d が大きい場合，加工の進行とともにビレット内面に引けが生じ，さらに圧縮を続けると表面が折れ込まれて，巻込みきずとなる。図（b）のように高さ比を小さくするとそのような欠陥は現れない。また，図（c）のようにビレット内面に面取りを付けると素材はいったん金型から離れるが，その後，下のほうから順次接触していき，最終的には内面はきれいに成形

（a） h/d が大きい場合

（b） h/d が小さい場合

（c） ビレット内面に面取りを付けた場合

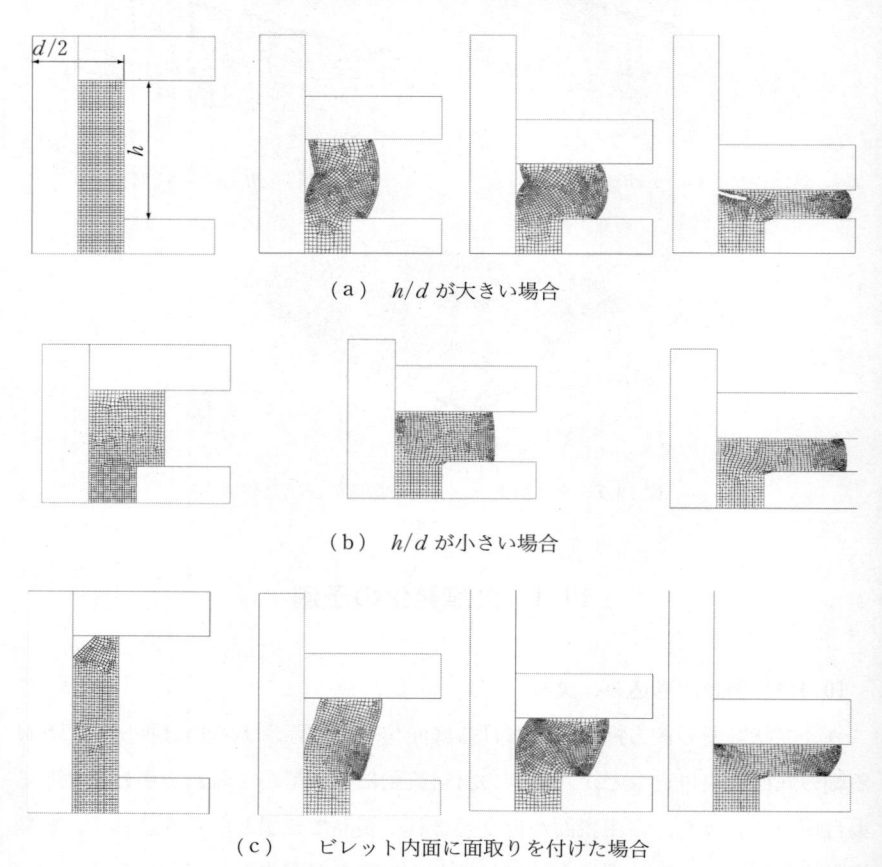

図 10.8 中空円柱の据込みにおける欠陥

10.4.2 塑性座屈

図10.9はヘッディング加工時に生じる材料表面の巻込みの例[4]である。少し傾いた円柱を圧縮しているために塑性座屈が発生し，材料表面が倒れ込んでいく様子がわかる。このような座屈は軸対称解析では求めることができず，三次元解析が必要である。また一種の不安定現象であり，その結果は計算の精度に大きく影響される。したがって，材料の加工硬化特性や界面の摩擦などの物理的なモデリングのみならず，計算機の丸め誤差や初期不正の与え方によって結果が大きく異ってくる可能性があるため，解析においては注意を要する。

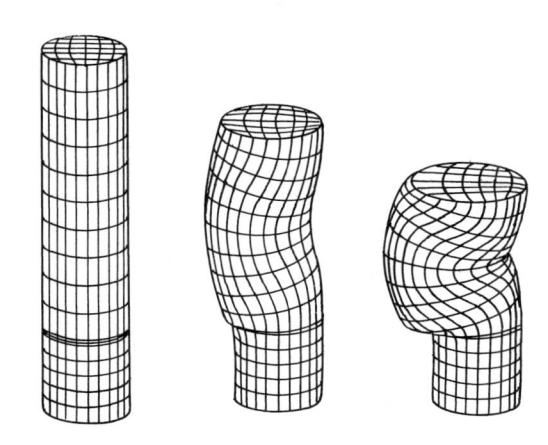

（a） $\Delta H/H_0 = 0\%$ （b） $\Delta H/H_0 = 30\%$ （c） $\Delta H/H_0 = 50\%$

図10.9　円柱のヘッディング加工における塑性座屈

10.5　温度との連成解析

鍛造加工においては非常に大きな変形を材料に与えるため，素材の自己発熱および境界における摩擦発熱により，材料や金型の温度が上昇する。機械プレスによる加工のように鍛造速度が速い場合ではほぼ断熱的に温度が上昇し，そ

のような温度上昇は素材の変形抵抗に影響して材料流動そのものを変化させる。また中程度の速度で加工した場合は，加工中に伝導する熱によって金型の温度が上昇するため，金型の焼付き・摩耗などに影響するとともに，熱膨張することで鍛造品の寸法精度にも影響を及ぼす。7章で述べられた熱伝導有限要素法によって温度分布は計算できる。

図 10.10 は，鋼を冷間で単発の後方押出しをした場合の素材，および金型内の温度分布を示したものである[5]。このように，条件によっては 400℃以上という大きな温度上昇が生じることがわかる。また，金型への熱伝導時間が短いため，金型の温度上昇は表面近傍のわずかな部分に限られている。

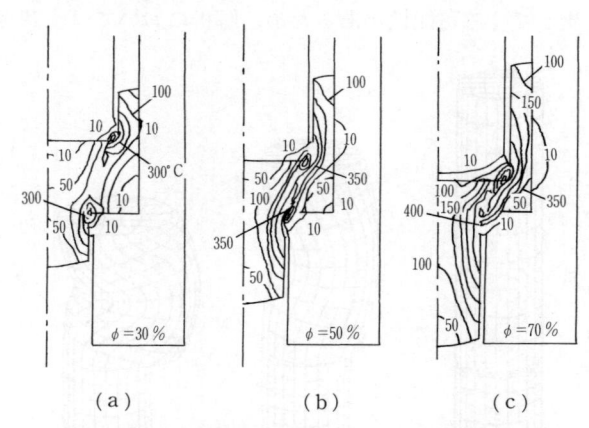

図 10.10 後方押出し加工における素材の温度上昇（阿部 徹，加藤 隆，徳光偉央，和田智之：連続繰返し前後方押出し加工時の変形熱による寸法変動解析，塑性と加工，**36**，412，pp.511〜516（1995）より転載）

図 10.11 は，同じ加工を連続して繰り返し行った場合の，金型内部の観測点における温度変化を示したものである。一回の加工ごとに急激な温度の上昇と放冷による温度の低下を繰り返しながら，徐々にその平均値が上昇し，40回繰返しでほぼ周期定常状態となる。特にポンチ角部においては最高温度約 380℃，振幅 230℃と厳しい熱サイクルを受けている。

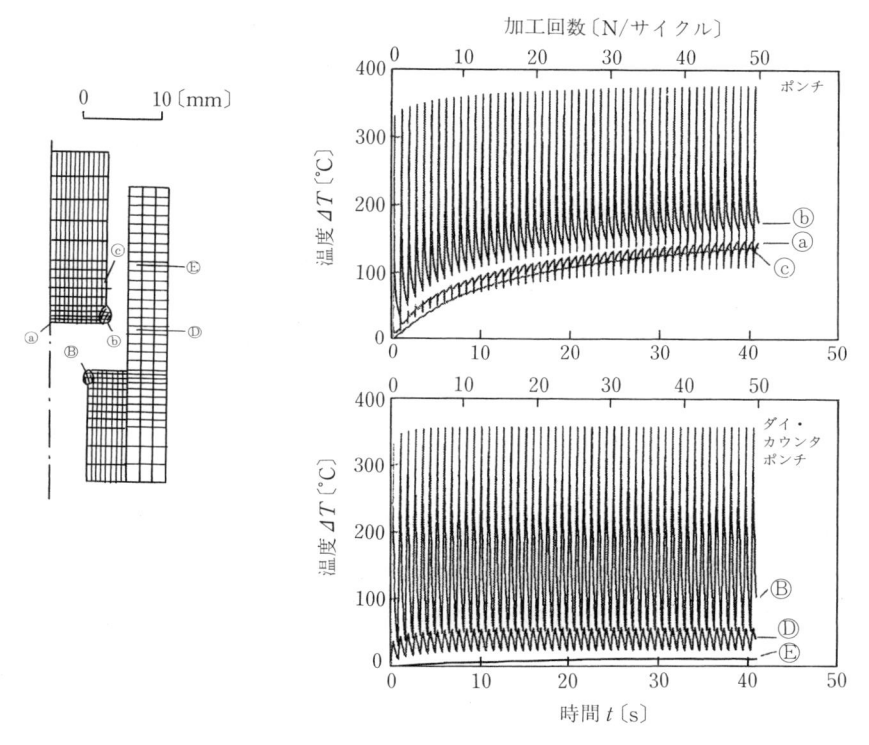

図 10.11 連続後方押出し加工時の工具温度の変化（河部　徹，加藤　隆，徳光偉央，和田智之：連続繰返し前後方押出し加工時の変形熱による寸法変動解析，塑性と加工，36，412，pp.511〜516（1995）より転載）

10.6　冷間鍛造品の寸法変化予測

　鍛造部品は加工後に切削や研削による仕上げ加工を行う場合が多いが，近年では製造コストの削減，生産性向上の要求の増大とともに，仕上げ工程を省略，あるいはほとんど行わないで製品にする**ネットシェイプ成形**（net shape forming），または**ニアネットシェイプ成形**（near-net shape forming）が行われるようになってきている．このため，鍛造加工に要求される寸法精度はますます高くなってきている．最終製品の形状を予測し，型や工程の設計にフィ

ードバックすることは，特に高精度が要求される精密鍛造では重要である[6]。

鍛造の型や素材は，鍛造による圧力や変形による発熱のために，弾性的，熱的に変形する。また鍛造中に昇温した材料はその後，放冷するに従って収縮する。そのため，鍛造品の寸法は設計した寸法と異ったものになる。一般に鍛造においては，つぎのようなプロセスを経る。

1) 金型による加圧変形
2) 金型の除去
3) 金型からの製品の取出し
4) 冷却

これらプロセス全体を考慮することにより，鍛造品の最終形状を精度よく予測することができる。

一例として，図 10.12 に示すような後方押出し加工における素材の寸法変化を示す[6]。図 10.13 は加工直後（図 10.12(a)終了時）の金型の弾性変形を表示したものである。金型が変形することにより，製品の外径が大きくなる"打

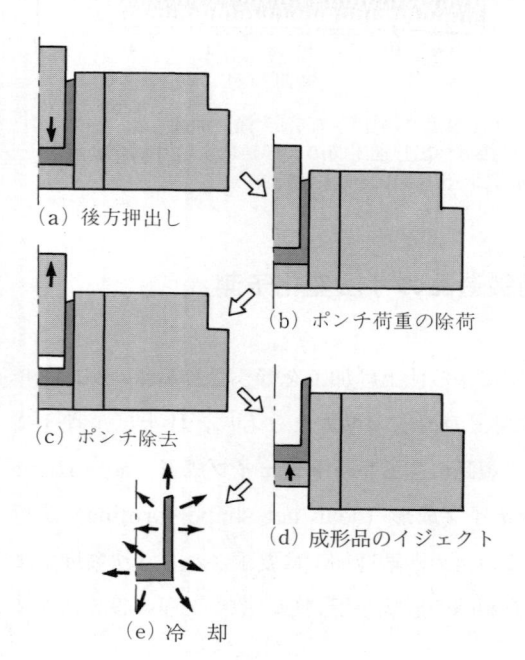

図 10.12 後方押出し加工の工程

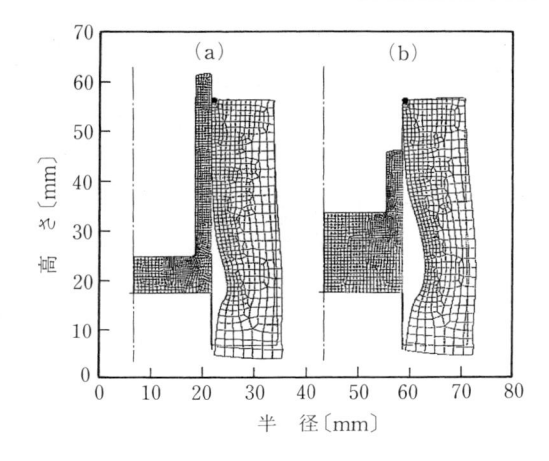

図 10.13 後方押出しにおける加工直後のダイインサートの弾性変形（変位は 50 倍で表示）

ち太り"が生じる。プロセスの進行とともにカップ外径が変化するが，その解析結果を図 10.14 に示す。図 10.12(a)で打ち太りしたカップ外径が，除荷，ポンチ抜きにより小さくなり，金型から取り出して金型の拘束から解放されることにより再び大きくなる。その後，放冷することで収縮している。最終の形状を実験結果と比較すると定量的にもほぼ一致しており，解析の精度も十分あることがわかる。

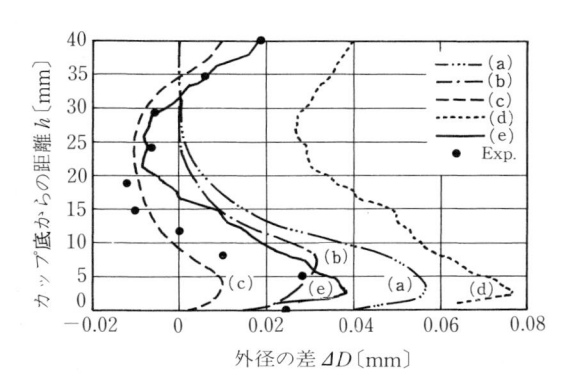

図 10.14 各ステージにおけるカップ外径分布

11. 押出し・引抜き加工のシミュレーション

11.1 概　　要

　押出し (extrusion) および引抜き (drawing) 加工は，ダイスを通すことによって素材の断面積を減少させる加工法であり，押出し加工は比較的断面積の大きい素材に，引抜き加工は断面積の小さい素材に適用される。これらの加工法では，塑性変形はダイス部付近で起こり，変形が時間に依存しない定常変形が現れるため，剛塑性 FEM では 4 章で説明した流線法が利用でき，押出し，引抜き加工の専用シミュレータが開発されている。
　本章では，押出し，引抜き加工のシミュレーション例について述べるとともに，割れ予測，温度分布，半溶融加工についても紹介する。

11.2 押 出 し 加 工

11.2.1 定 常 押 出 し

　押出し加工は時間に依存しない**定常変形**（steady-state deformation）が現れ，剛塑性 FEM では 4 章で説明した流線法が利用できる。**図 11.1** は，流線法によって求められたテーパダイスによる丸棒の押出し加工における定常変形時の相当ひずみ速度の分布である。相当ひずみ速度は瞬間的な塑性変形の大きさを表しており，素材はダイス入口と出口角部で大きな塑性変形を受けていることになる。ダイス入口と出口角部では，素材流れの方向が急激に変化し，大

11.2 押出し加工

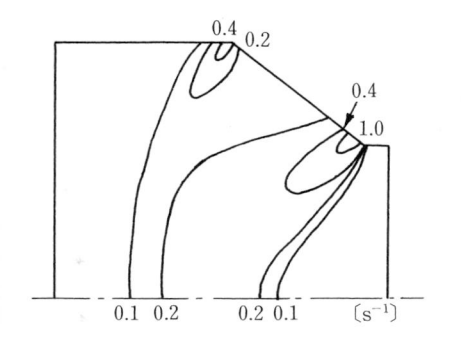

図11.1 テーパダイスによる丸棒の押出しにおける定常変形時の相当ひずみ速度分布

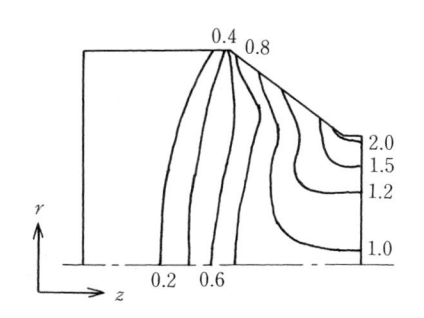

図11.2 テーパダイスによる丸棒の押出しにおける定常変形時の相当ひずみ分布

きなせん断変形が生じる。

図11.1の相当ひずみ速度を入口境界から積分すると，**図11.2**に示す相当ひずみ分布が得られる。中心から表面に向かってせん断変形が大きくなり，押出しされた棒材の表面は中心部よりも大きな塑性変形を受けている。

11.2.2 非定常押出し

押出し開始直後は非定常変形が現れ，非定常変形部は加工後切り取られるため，その変形挙動の予測は重要である。非定常変形のシミュレーションは，鍛造加工と同様に，時間とともに節点座標を更新することによって行う。

棒材の押出しにおける先端部付近の非定常変形を，2種類の摩擦条件について比較したものを**図11.3**に示す。ダイスと接触している外周部は流れにくいため，先端部が凸型形状を示しており，ダイス面の摩擦が大きいほど不均一変形の程度は大きい。

押出し加工では，ダイス角部で素材の流れが大きく変化して速度の特異点になる。ダイス角部近傍の流れを取り扱うために，角部を細かい要素で分割する方法が一般的に行われている。**図11.4**は市販有限要素ソフトウェアDEFORMで計算した例であり，ダイス角部を細かいメッシュで分割しているアダプティブリメッシングを非定常解析において適用している。

(a) $\mu = 0.1$ (b) $\mu = 0.2$

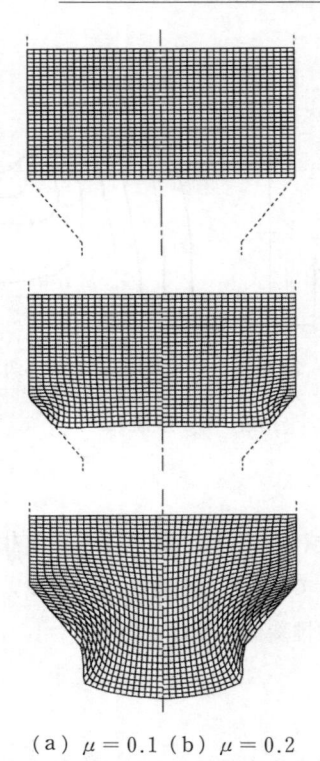

図 11.3 テーパダイスによる丸棒の押出しにおける非定常変形

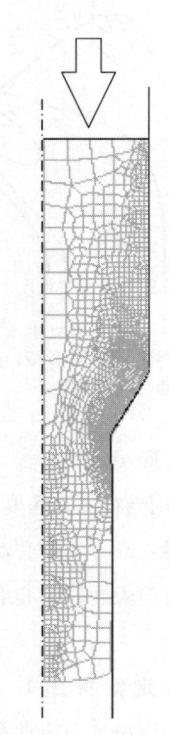

図 11.4 丸棒の押出しにおけるアダプティブリメッシングの適用

11.2.3 後方押出し

円柱にポンチを押し込んで円筒を加工する後方押出しでは，素材は非常に大きな変形を受ける。このような加工をシミュレーションするために，オイラー法である空間固定要素を用いて計算した例[1]を図 11.5 に示す。この図は要素ではなく，材料内に埋め込まれたモニタリングポイントを結んだものであり，加工前に素材断面に描かれた格子のゆがみに対応している。空間固定要素は素材の変形による影響を受けないため，大きな塑性変形を計算できる。

押出し加工では，加工終了直前に素材後端が工具面から離れて引けが生じる

11.2 押出し加工

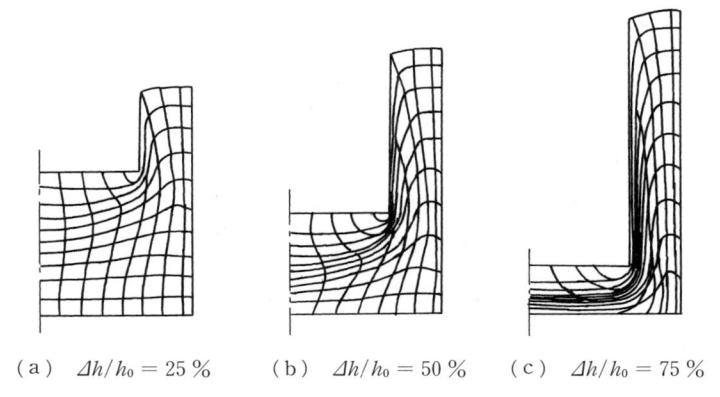

(a) $\Delta h/h_0 = 25\%$　　(b) $\Delta h/h_0 = 50\%$　　(c) $\Delta h/h_0 = 75\%$

図 11.5　後方押出しにおける格子の変形

場合がある。引けは一種の座屈現象であり，有限要素法では，工具との接触面における節点の力が引張りになると，その節点を自由表面とすることによって取り扱うことができる。**図 11.6** は後方押出しにおける底角部に生じた引けである[1]。

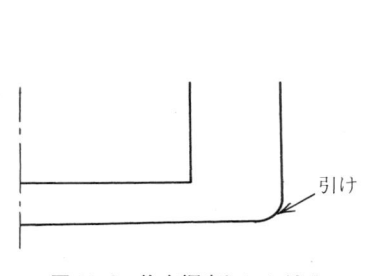

図 11.6　後方押出しにおける引けの発生

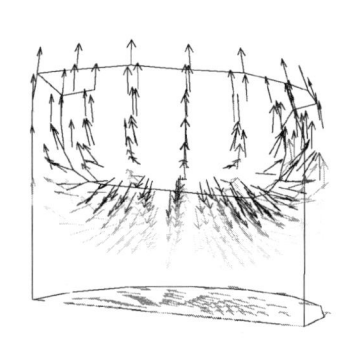

図 11.7　偏心したポンチによる後方押出しの速度分布

後方押出しにおいて，ポンチがコンテナに対して偏心していると，押し出された管材は偏肉することになる。三次元シミュレーションにおいて，ポンチを偏心した条件で計算した速度分布[2]を**図 11.7** に示す。左右の速度分布は対称ではなく，偏心が計算されている。

11.2.4 形材の押出し

三次元要素分割を行うと,形材の押出し加工をシミュレーションできる。形材の押出しでは,変形の非対称性によって押し出された製品に曲りを生じることがある。図 11.8 に示すように,ダイス出口部において速度差を考慮したシミュレーションを行うと,曲り量が計算される[3]。ダイス出口部の位置を変化させると曲り量が変るため,曲り量を最小にする位置が計算できる。

図 11.9 は,形材の押出し加工において,曲り量を最小にするダイス出口位

図 11.8 形材の押出し加工における曲り

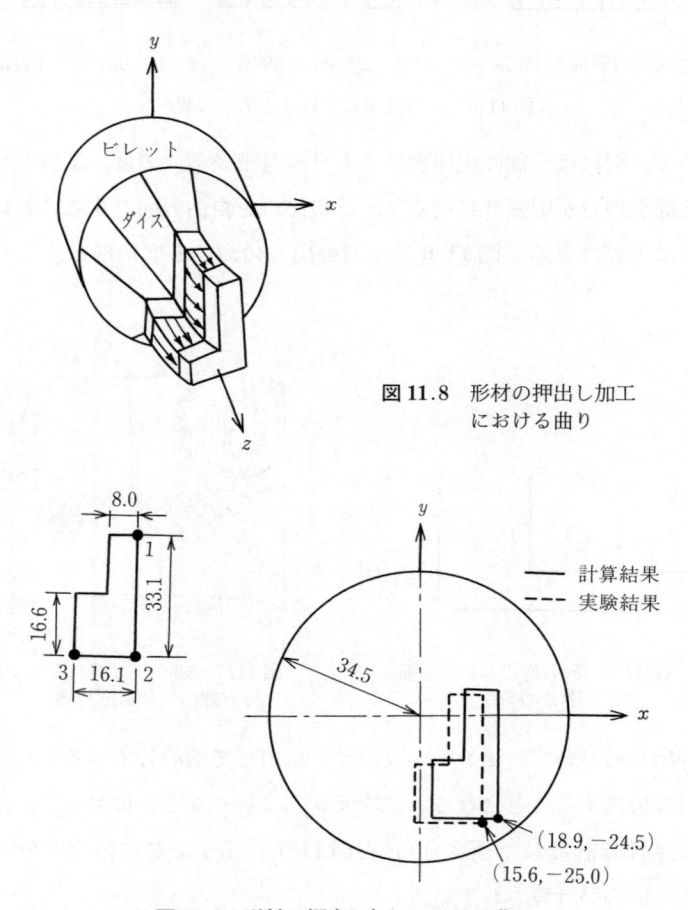

図 11.9 形材の押出し加工における曲り量を最小にするダイス出口位置

置を計算したものである．計算された位置は実験のものと近い．

11.2.5 内部割れ予測

押出し加工では多段で加工される場合があり，加工とともに素材はダメージを受け，それが限界を超えると割れが生じる．延性破壊条件式を用いるとダメージ値が計算でき，丸棒の押出しにおけるダメージ値と加工段数の関係[4]を図11.10に示す．ダメージ値は Cockcroft の式[5]を用いており，最大主応力を相当ひずみで積分するものである．実際の加工でも4段目と5段目の間に割れが発生しており，割れ発生を十分予測している．

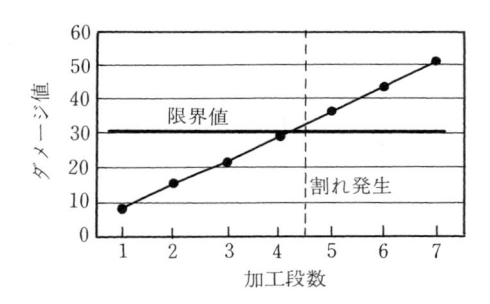

図 11.10 丸棒の多段押出しにおける割れ発生予測（石川孝司，髙柳　聡，吉田佳典，湯川伸樹，伊藤克浩，池田　実：冷間多段押出し成形における内部欠陥の予測，塑性と加工，**42**，488，pp.949～953（2001）のFig.16より転載）

11.2.6 半溶融押出し

半溶融状態にした素材を変形させる半溶融加工が注目されている．半溶融加工では，固相と液相が素材の中に共存するため，特別な取扱いが必要になる．固相を多孔質体と考え，空げきに液相が充満しているモデルが提案されている[6]．図 11.11 は半溶融押出しにおける固相率分布であり，押出し速度が 100 mm/s の場合を示しているが，速度を 1 000 mm/s にすると固相率はほぼ均一になる．

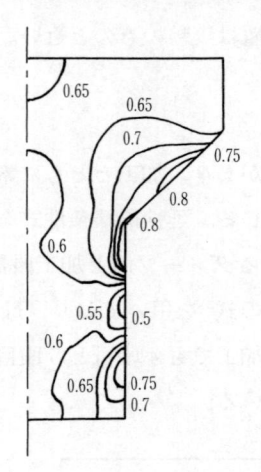

図 11.11 半溶融押出しにおける固相率分布

11.3 引抜き加工

11.3.1 線材の引抜き

　引抜き加工では，加工を繰り返して小さな直径の線材を製造することが多い。多段加工では，加工とともに素材はダメージを受け，それによって割れを生じる場合がある。素材は前方から引っ張られて加工されるため，押出し加工よりも静水圧応力が高く，割れ発生の危険性が大きくなり，1段の断面減少率は小さい。

　線材の引抜き加工における静水圧応力の分布を図 11.12 に示す。静水圧応力は割れ発生に大きな影響を及ぼし，引抜き加工では割れは中心部で発生するため，ダイス内の中心部の静水圧応力が割れ発生においては重要になる。ダイス半角 α が大きいほど引張りの静水圧応力が高くなっており，割れ発生の危険性が大きくなる。押出し加工のシミュレーションと同様に，延性破壊条件を用いると割れ発生が予測できる[7]。また，延性破壊条件式を満足した要素の節点を分離させると割れの進展をシミュレーションすることができ，引抜き加工において，内部割れが発生した後の割れの進行する挙動がシミュレーションされ

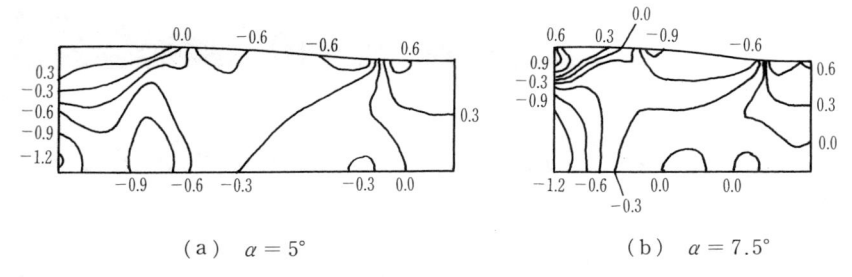

(a) $\alpha = 5°$ (b) $\alpha = 7.5°$

図 11.12 線材の引抜きにおける静水圧応力分布

ている[8]。

11.3.2 管材の引抜き

図 11.13 は，ステンレス鋼管の引抜き加工における温度分布のシミュレーション結果である[9]。ステンレス鋼は温度上昇が大きい材料であり，プラグの温度上昇が著しいことがわかる。プラグは潤滑しにくく，焼付きが問題となり，温度分布を知ることは重要である。

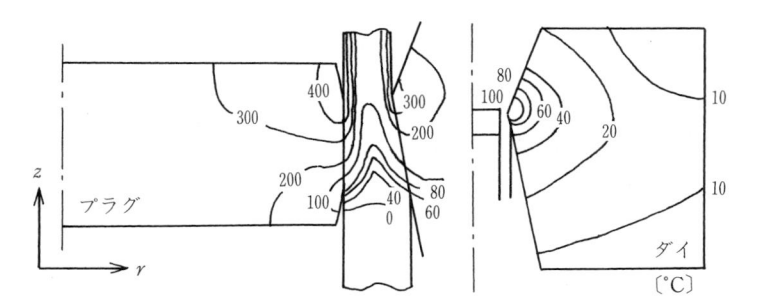

図 11.13 ステンレス鋼管の引抜きにおける温度分布（麻田祐一，森謙一郎，吉川勝幸，小坂田宏造：有限要素法による線と管の引抜きにおける温度分布の解析，塑性と加工，**22**，244，pp.488～494（1981）の図9より転載）

12. 圧延加工のシミュレーション

12.1 概　　　要

　圧延加工（rolling）は，回転するロールによって素材の厚さを連続的に減少させる加工法である。圧延加工では，素材はロール面の摩擦によって送られるため，摩擦の取扱いがFEMでは重要になる。ロール面において摩擦力の方向が逆になる中立点が現れるが，中立点の位置は加工条件によって変化するため，摩擦力の方向を規定することはできない。剛塑性FEMにおいて，2.4.1項のような取扱いをすることによって摩擦の問題は処理でき，中立点の位置も計算結果として求まる。
　本章では，板圧延，孔型圧延などのシミュレーション例について述べるとともに，ロールの弾性変形，半溶融加工についても紹介する。三次元シミュレーションにおいて，計算時間を短縮する近似三次元解析についても示す。

12.2　平面ひずみ圧延

　板圧延では，板厚が板幅に比べて十分に小さい場合は，板幅方向への広がりは小さく，平面ひずみ状態が仮定できる。平面ひずみ変形では計算量が比較的小さいため，FEMは板材の平面ひずみ圧延から適用された。
　図12.1は板材の先端部がロールギャップにかみ込まれるときのシミュレーション例である。圧延された板材の先端部は二重バルジ形状を示している[1]。

12.2 平面ひずみ圧延　　*157*

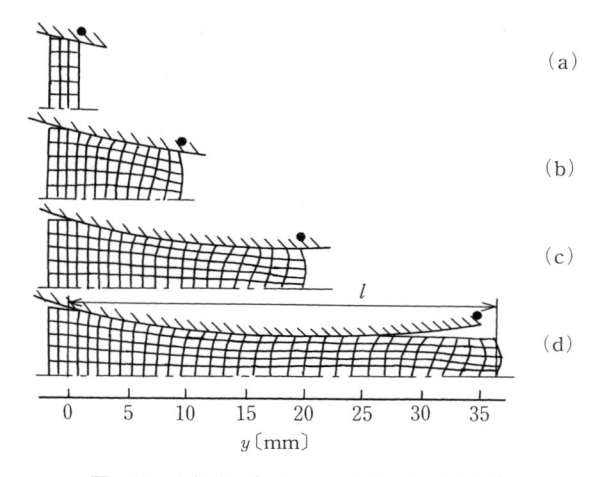

図 12.1 平面ひずみ圧延における板材先端部の非定常変形

(a) 変形前の要素分割

(b) V字形状きずの変形形状

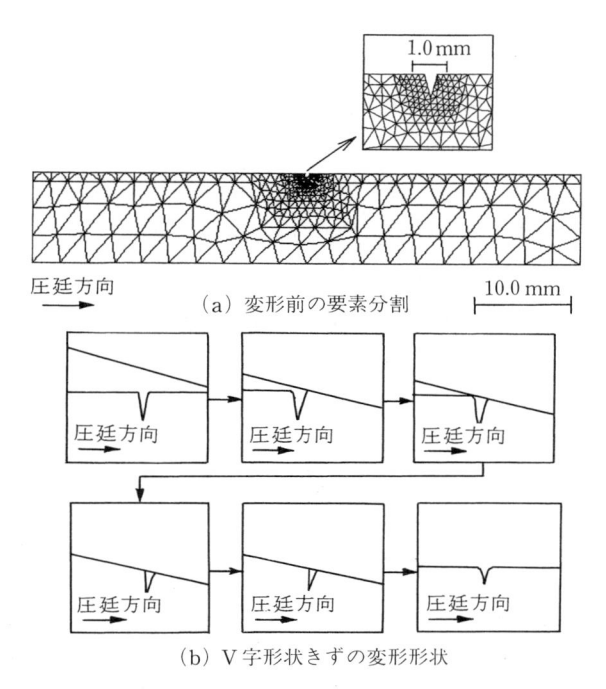

図 12.2 平面ひずみ圧延における表面きずの変形形状

先・後端部は圧延後切り取られるため,圧延後の形状を予測することは材料歩留りに関して重要である。

熱間圧延される板材の表面にはきずが現れる場合があり,そのきずが圧延加工によって変形する挙動をシミュレーションした例[2]を**図12.2**に示す。きず付近を細かい要素に分割して,きずの変形挙動をシミュレーションしている。きずは板材の品質を低下させるだけでなく,圧延加工中に板材の破断や割れの原因になるため,変形挙動をシミュレーションすることは重要である。

12.3 板 材 圧 延

厚さが比較的大きな板材の圧延においては,板材の幅広がりは顕著になり,三次元的な取扱いが必要になる。また,板厚の小さな素材においても幅端部では幅広がり量が大きくなっており,同様に三次元解析が必要である。三次元変形のシミュレーションでは,三次元要素を用いる必要があるが,8節点六面体アイソパラメトリック要素がよく用いられており,三次元的に要素分割が行われている。

図12.3は,厚板圧延の三次元定常変形をシミュレーションした例である。シミュレーションでは,変形は上下左右対称であるとして,1/4の領域だけが計算されている。圧延加工では,素材の先・後端部を除いて定常変形が現れるため,4章で示した流線法が適用できる。素材は圧延方向に伸びると同時に,幅方向にも広がっている。

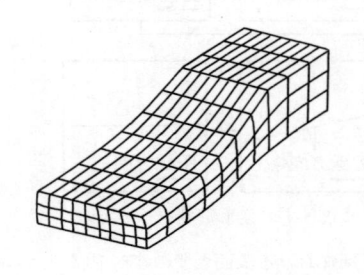

図12.3 板圧延における幅広がり

12.4 棒材・形材の孔型圧延

棒材，管材，形材の圧延では，溝の付いた孔型ロールによって素材が変形させられ，素材は顕著な三次元変形を生じる．孔型圧延における複雑な三次元変形をシミュレーションするために，三次元要素分割を用いるが，ロールと素材の接触も複雑になり，ロール表面に沿う三次元的な流れを取扱う必要がある．

棒材の典型的な圧延法である，スクェア-オーバル，スクェア-ダイヤ，ラウンド-オーバル圧延のシミュレーション例[3]を図 12.4 に示す．ロール入口接触点が複雑に変化しており，入口位置に節点を置くように節点の位置を移動させている．

孔型圧延において，図に示すように，三次元要素を用いて三次元に要素分割

(a) スクェア-オーバル圧延

(b) スクェア-ダイヤ圧延

(c) ラウンド-オーバル圧延

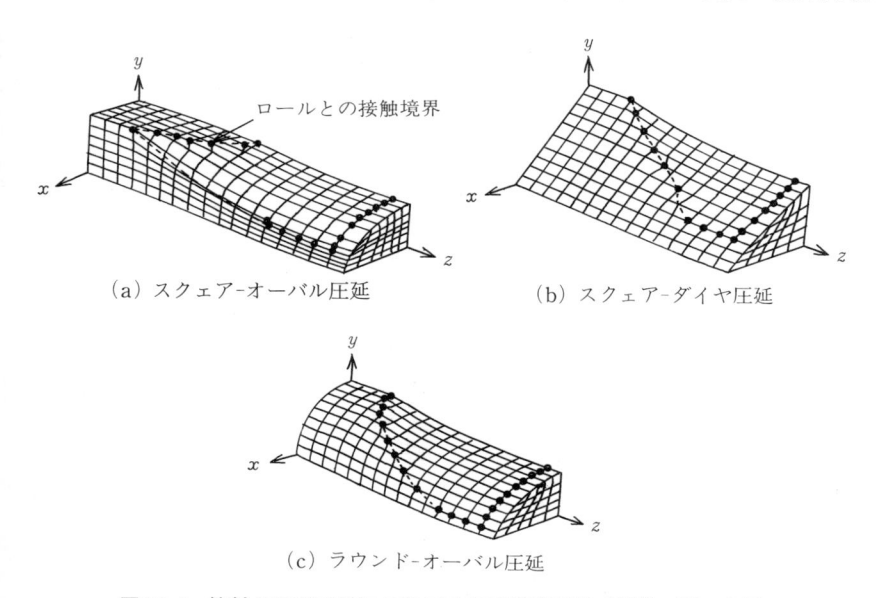

図 12.4 棒材の孔型圧延における三次元定常変形（森謙一郎，小坂田宏造：形圧延における三次元塑性変形の有限要素シミュレーション（第 1 報，定常変形の完全三次元シミュレーション），日本機械学会論文集 A 編，**56**，525，pp.1288〜1294 (1990) の図 3 より許可を得て転載）

12. 圧延加工のシミュレーション

を行うと計算時間が長くなる。また，ロールとの三次元的な接触の取扱いも複雑である。さらに，大きく要素がゆがんだ後の要素の再分割も容易ではない。これらの問題点を解決するために，近似三次元解析が行われている。2.5.1項で示した一般化平面ひずみ近似が，孔型圧延のシミュレーションに用いられている[4]。この近似では，圧延方向の伸びが圧延方向に垂直な断面内で均一であるとし，孔型ロールと同じ断面形状を有するダイスによる鍛造加工に近似してシミュレーションを行っている。圧延加工では，素材はロール入口から出口まで徐々に変形させられるため，一般化平面ひずみ近似に圧延方向のせん断ひずみを導入している。図 **12.5** は，一般化平面ひずみモデルを用いた形鋼孔型圧延の断面の変形形状である。この方法は，計算時間が二次元問題と同程度に短いだけでなく，断面だけ要素に分割するため，厳しい変形における要素の再分割も容易である。

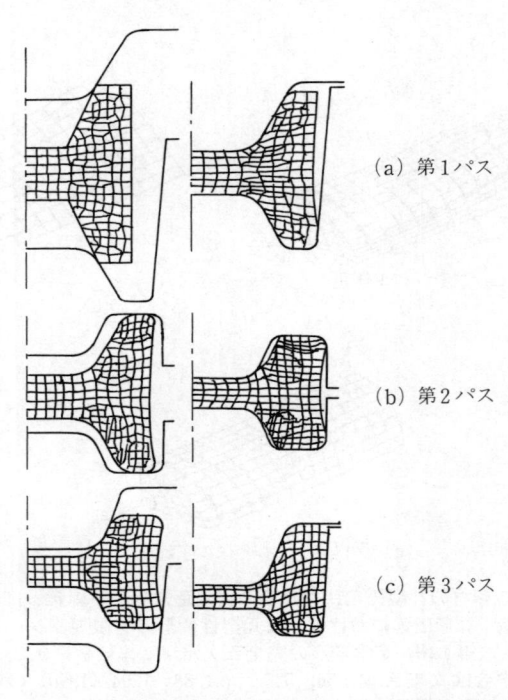

(a) 第1パス

(b) 第2パス

(c) 第3パス

図 **12.5** 形鋼の孔型圧延における断面の変形形状

12.5 管材圧延

 油井管,高温配管などに使用されている継ぎ目なし管は一般に圧延加工によって製造されている。棒材がマンネスマン圧延によってせん孔された後,マンドレルミル圧延またはプラグミル圧延によって延伸され,最後にレデューサまたはサイザによって仕上げられる。継ぎ目なし管の圧延は孔型ロールによって成形され,複雑な三次元変形を生じる。

 マンネスマンせん孔圧延では,プラグによって棒材に孔をあけるため加工が厳しく,しかも回転させながら加工されるため計算時間が長くなる。完全な三次元解析ではせん孔圧延の計算が困難になるため,2.5.1項で示した一般化平面ひずみ近似を用いたシミュレーション[5]が行われており,せん孔圧延されている素材断面の変形形状を図 12.6 に示す。シミュレーションでは,せん孔圧延の各素材段面が圧延方向に一般化平面ひずみ変形していると近似している。最初,素材はロールによって圧下を受けて楕円形になり,その後プラグによって軸中心部に孔があけられて中空楕円の形になり,ロールとプラグ間で圧下さ

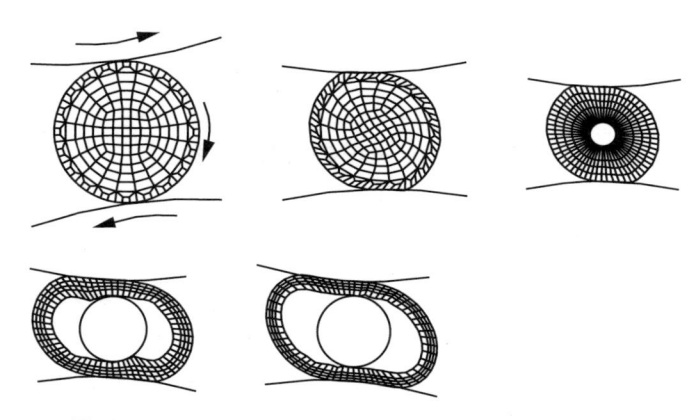

図 12.6 マンネスマンせん孔圧延における断面の変形形状
(吉村英徳,小坂田宏造,森謙一郎:剛塑性有限要素法による穿孔圧延の近似3次元シミュレーション,日本機械学会論文集 A 編, **64**, 622, pp.1515〜1520 (1998) の Fig.7 より許可を得て転載)

れて肉厚が薄くなる。加工が進むと，ロールとプラグのすき間が広がって素材がプラグに接触しなくなる。最後に，素材はロールによって回転されながら円形に近づくが，この部分は単に形状が変化するだけであって変形が小さいために計算は行われていない。シミュレーションでは要素が大きくゆがむため，数回要素の再分割を行っている。

せん孔された管材を延ばしながら仕上げる，ストレッチレデューサにおける三次元変形を**図 12.7** に示す[6]。3 ロールストレッチレデューサを対象にしており，変形の対称性を考慮して 1/6 の領域がシミュレーションされている。ストレッチレデューサでは管材内面は自由表面であり，成形によって角張るが，前・後方張力の作用によって内面角張りは小さくなる。

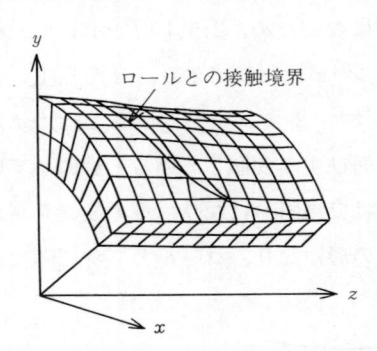

図 12.7 ストレッチレデューサにおける三次元定常変形

12.6 ロールの弾性変形

圧延加工では，ロール面に大きな接触圧力が作用してロールは弾性変形を生じる。弾性変形量は素材に比べてロールが十分大きいときに顕著になり，薄板の圧延では，弾性変形の影響を考慮することは重要である。

ロールは素材に比べて十分大きいため，ロールの弾性変形も，有限要素法で行うとロールの要素数がかなり多くなる。そこで，ロールの弾性変形を解析的な方法を用いて考慮する試みも行われている。ロールのたわみ変形と偏平変形を解析的な方法で考慮し，それを素材の塑性変形を解析する剛塑性有限要素法

と組み合わせ，板圧延された板の表面形状プロフィールを図 12.8 に示す[7]。ロールのたわみは板材の中央部で大きく，接触面圧は端部では低下するため，板厚が端部で小さくなる。ロールの曲げ荷重を増加させることによって板材の平たん度は向上する。

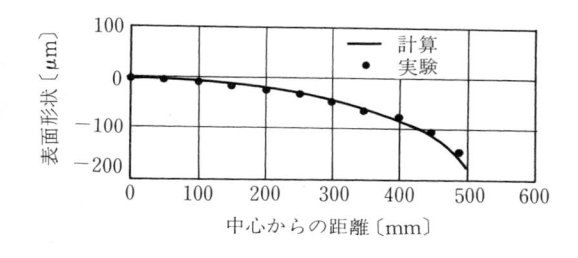

図 12.8 ロールの弾性変形を考慮した板圧延における板表面プロフィール

12.7 リングローリング加工

リングローリング加工は環状部品の成形法であり，ベアリングレースなどの加工に利用されている。リングローリング加工では，リングが回転されながら局部的に加工される。このような三次元逐次変形を三次元 FEM でシミュレーションすると計算時間が膨大となり，スーパコンピュータのような超高速な計算機が必要になり，実加工への適用は問題である。

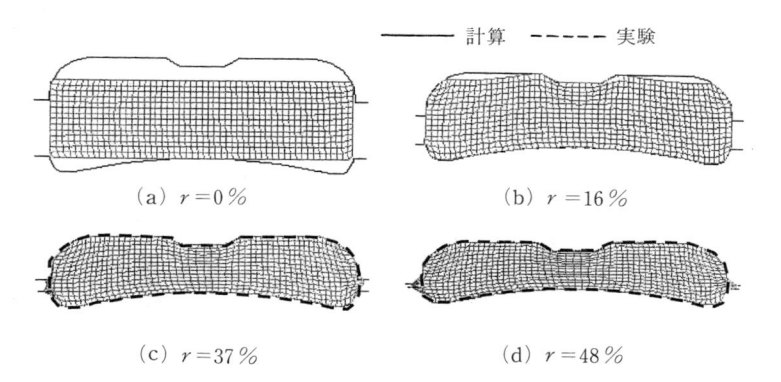

―― 計算　　----- 実験

(a) $r=0\%$ (b) $r=16\%$

(c) $r=37\%$ (d) $r=48\%$

図 12.9　ベアリングレースのリングローリングにおける
　　　　リング断面の変形形状

リングローリング加工における三次元変形を実際的な時間でシミュレーションするために，2.5.1項で示された一般化平面ひずみ近似を適用した剛塑性有限要素法が提案されている[8]。図12.9は，ベアリングレースのリングローリングをシミュレーションした例である。r は圧下率である。孔型ロールの形状にリングが成形されている。

12.8 ストリップキャスティング

双ロール式ストリップキャスティングは，溶融金属から直接薄板を製造する加工方法であり，熱間圧延工程を省略できる方法として現在実用化が進められている。この方法では，回転する二つのロールの間に溶融金属を流し込み，ロールによる冷却で溶融金属を凝固させ，その後圧延効果によって凝固層の圧着および内部欠陥発生の防止を行っている。ストリップキャスティングでは，液相，固相，半溶融状態が現れ，ロール間での溶融金属の流動および凝固層の変形などが製造される板材の品質に大きく影響するため，加工条件の設定が問題となっている。

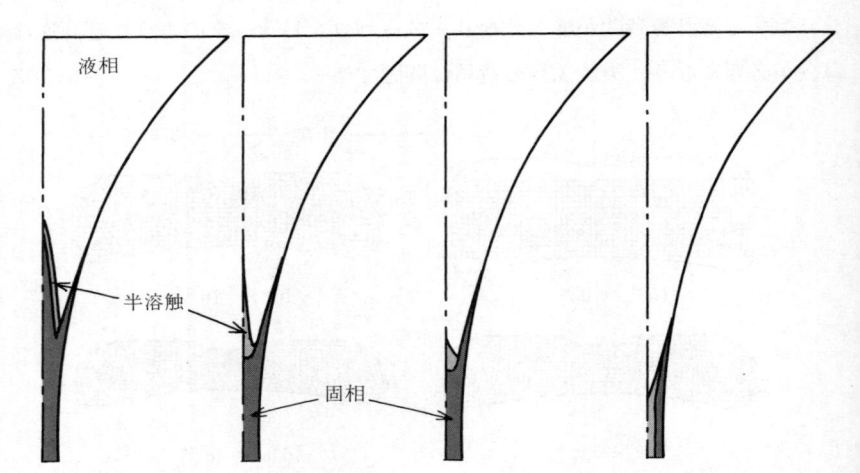

(a) $v_r = 300\,\mathrm{mm/s}$ (b) $v_r = 400\,\mathrm{mm/s}$ (c) $v_r = 500\,\mathrm{mm/s}$ (d) $v_r = 600\,\mathrm{mm/s}$

図12.10 ストリップキャスティングにおけるロール速度と凝固層の関係

ストリップキャスティングにおいて，材料流動，温度分布，凝固現象などの湯だまり内での挙動を求めるために，粘塑性 FEM と熱伝導 FEM が用いられている[9]。FEM シミュレーションによって得られた凝固層の形状を**図 12.10**に示す。ロール速度 v_r を小さくすると，湯だまり内に凝固層の盛り上り現象が観察される。湯だまり内での凝固層の盛り上りは，生成された凝固層がロール間をすべて通過することができなくなり，その一部が湯だまり側に絞り出されることによって生じたものである。この場合，凝固層は過大に圧延され，表面性状は低下すると考えられる。

13. 粉末成形のシミュレーション

13.1 粉末成形の解析法

13.1.1 圧粉成形,焼結金属の塑性加工

粉末成形材は,金属,セラミックスなどの粉末を**圧粉成形**（compaction）し,その後**焼結**（sintering）することによって製品となる。また,焼結後に強度を向上させるために再び塑性加工されることもある。通常の金属材料と異なって,粉末材の加工および焼結では見かけの体積が変化する。これは加工に伴って内部の空げきが小さくなるためであり,体積変化を考慮する必要がある。

圧粉成形および粉末焼結金属の塑性加工において,素材の見かけの体積変化を考慮するために,大矢根・島らは素材を連続体である多孔質材料と考え,つぎのような降伏条件式[1),2)]を提案しており,この構成式を用いることによってFEM に体積変化を取り込むことができる。

$$(\rho^n \bar{\sigma})^2 = \frac{1}{2} \{(\sigma_x - \sigma_y)^2 + (\sigma_y - \sigma_z)^2 + (\sigma_z - \sigma_x)^2 \\ + 6(\tau_{xy}^2 + \tau_{yz}^2 + \tau_{zx}^2)\} + \left(\frac{\sigma_m}{f}\right)^2 \qquad (13.1)$$

$$f = \frac{1}{a(1-\rho)^m}$$

ここで,σ_m は静水圧応力,ρ は相対密度（多孔質体の密度/真密度）,$\bar{\sigma}$ は相当応力,n,a,m は材料定数である。素材の質量は変化しないため,密度変

化として取り込んでいる。

式(13.1)を塑性ポテンシャルとして式(2.12)を適用すると，剛塑性多孔質材料に対する応力の各成分が得られる。

$$\{\sigma\} = [D]\{\dot{\varepsilon}\} \tag{13.2}$$

$$[D] = \frac{\rho^{2n-1}\bar{\sigma}}{\dot{\bar{\varepsilon}}}\begin{bmatrix} b & c & c & 0 & 0 & 0 \\ c & b & c & 0 & 0 & 0 \\ c & c & b & 0 & 0 & 0 \\ 0 & 0 & 0 & d & 0 & 0 \\ 0 & 0 & 0 & 0 & d & 0 \\ 0 & 0 & 0 & 0 & 0 & d \end{bmatrix}$$

$$b = f^2 + \frac{4}{9}, \quad c = f^2 - \frac{2}{9}, \quad d = \frac{1}{3}$$

この材料では，相当ひずみ速度 $\dot{\bar{\varepsilon}}$ は次式で表され，密度変化，すなわち体積変化を生じるために体積ひずみ速度の項を含んでいる。

$$\dot{\bar{\varepsilon}}^2 = \rho^{2n-2}\Big[\frac{2}{9}\big\{(\dot{\varepsilon}_x - \dot{\varepsilon}_y)^2 + (\dot{\varepsilon}_y - \dot{\varepsilon}_z)^2 + (\dot{\varepsilon}_z - \dot{\varepsilon}_x)^2$$
$$+ \frac{3}{2}(\dot{\gamma}_{xy}^2 + \dot{\gamma}_{yz}^2 + \dot{\gamma}_{zx}^2)\big\} + (f\dot{\varepsilon}_v)^2\Big] \tag{13.3}$$

多孔質材料では圧縮性を示すため，ひずみ速度から直接応力が計算できる。多孔質材料の密度は塑性変形によって変化し，その密度変化は各変形ステップの体積ひずみ増分 $\Delta\varepsilon_v$ から計算できる。

$$\rho_1 = \rho_0 \exp(-\Delta\varepsilon_v) \tag{13.4}$$

ここで，ρ_0, ρ_1 は各変形ステップの最初および最後の相対密度である。

圧粉成形および焼結鍛造では，式(13.2)の構成式を用いて通常の剛塑性FEMと同様に式(2.19)，(2.28)，(2.29)で定式化できる。

13.1.2 焼　　　　結

圧粉体は焼結されるが，圧粉体の体積は焼結時に変化することが知られてい

る。特にセラミックス材では，数十％収縮し，寸法精度が問題となっている。圧粉成形では，工具の形状および摩擦によって圧粉体に密度の分布を生じるが，圧粉体に密度分布があると焼結時に不均一に収縮する。また，自重，敷板との摩擦などによっても不均一収縮が起こる。密度分布を有する圧粉体は焼結中に不均一に収縮し，その不均一収縮によって素材に塑性変形が生じるものとする。すなわち，密度分布のない圧粉体では均一に収縮して塑性変形はないが，密度分布を有する圧粉体では素材内部で体積収縮率が分布し，体積収縮率の差によって素材内部に塑性変形が生じる。このため，密度分布を有する圧粉体では，焼結後の形状は圧粉体の形状と相似形にはならない。

不均一収縮は焼結後の形状予測を困難にするため，焼結時の不均一収縮をシミュレーションする方法が提案されている[3),4)]。全ひずみ速度 $\dot{\varepsilon}_{ij}{}^t$ は，焼結収縮のひずみ速度 $\dot{\varepsilon}_{ij}{}^s$ と塑性変形のひずみ速度 $\dot{\varepsilon}_{ij}$ の和となる。

$$\dot{\varepsilon}_{ij}{}^t = \dot{\varepsilon}_{ij}{}^s + \dot{\varepsilon}_{ij} \tag{13.5}$$

焼結においても，圧粉体は多孔質体であるため，塑性変形においては13.1.1項と同様な構成式を用いる。式(13.5)と式(2.18)を式(13.2)に代入すると，応力は次式で表される。

$$\{\sigma\} = [D][B]\{v_e\} - [D]\{\dot{\varepsilon}^s\} \tag{13.6}$$

大きな圧粉体の焼結では，自重の影響によっても素材は塑性変形する。式(2.19)の節点力において，自重の影響を取り込むと次式が得られる。

$$\{P\} = \int_V [B]^T \{\sigma\} dV + \int_V g\rho\gamma [N] dV \tag{13.7}$$

ここで，g は重力加速度，γ は密度，$\{N\}$ は要素の形状関数である。式(13.7)の節点力に式(13.6)の応力を代入すると，節点力はつぎのよう表される。

$$\{P\} = \int_V [B]^T [D][B] dV \{v_e\} - \int_V [B]^T [D]\{\dot{\varepsilon}^s\} dV + \int_V g\rho\gamma [N] dV \tag{13.8}$$

上式の右辺第1項は全ひずみ速度，第2項は焼結収縮，第3項は自重の影響をそれぞれ表している。式(13.8)の節点力を式(2.29)と同様に各節点ごと釣合

い式を連立させることによって解が求まる.式(13.8)で表される$\{\dot{\varepsilon}^s\}$は実験より求められる材料定数であり,本定式化は収縮ひずみ速度を材料定数として与える粘塑性FEMの定式化といえ,焼結では温度上昇に伴って素材は収縮するが,それを体積ひずみ速度に置き換えている.焼結は高温で行われ,素材のひずみ速度依存性は大きくなり,剛塑性FEMにひずみ速度依存性を取り込んだ粘塑性FEMとなる.

13.2 圧粉成形

13.2.1 多段圧粉成形

金属粉末は圧粉成形,焼結,再加工されて製品になるが,歯車などの段付き部品には金型を用いた多段圧粉成形法が使用されている.この成形法では,各部分の圧下量を等しくして均一な圧粉体を得るために,分割した複数個のパンチで粉末が成形されている.多段圧粉成形法では,金型から取り出した圧粉体の割れが問題となっている.パンチが分割されているため,各パンチの弾性変

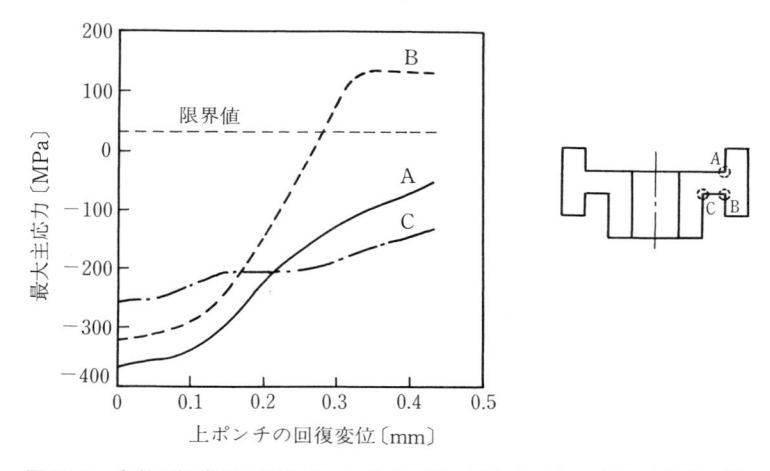

図13.1 多段圧粉成形の除荷時における角部の最大主応力の変化(森謙一郎,佐藤芳樹,塩見誠規,小坂田宏造:有限要素シミュレーションを用いた多段圧粉成形の弾性回復による割れ発生の予測,日本機械学会論文集C編,**64**, 628, pp.4869〜4875 (1998) のFig.18より許可を得て転載)

形量が異なり，除荷時においてパンチの弾性回復の差によって圧粉体に引張応力が作用して，圧粉体に割れが生じる場合がある。圧粉体は金属粉末を押し固めただけであり，非常にもろく，比較的小さな引張応力によって割れが生じる。成形される製品の形状は複雑になる傾向があり，圧粉体の割れ発生を防止することが工業的に望まれている。

図 13.1 は，工具の弾性変形を考慮した多段圧粉成形の除荷時における角部の最大主応力の変化である[5]。このシミュレーションでは，負荷と除荷の両変形が計算されている。圧粉体は脆性材料であり，最大主応力を用いて割れ発生を予測している。角部の最大主応力は除荷とともに増加しており，角部 B は割れ発生の限界値を越えている。

13.2.2 静水圧成形

金属およびセラミックス粉末を金属またはゴムのカプセルに充てんして，高圧によって粉末を圧粉成形する静水圧成形が新材料などの成形に用いられている。粉末材の静水圧成形では，圧粉体の形状がカプセルの形状に大きく依存するため，ネットシェイプ成形を行うためには，カプセルの形状を最適化する必要がある。粉末材の静水圧成形では，周囲圧力によって圧粉されるため，圧力の境界条件のもとでシミュレーションできる方法が必要になる。

図 13.2 は，金属粉末の静水圧成形における円柱状素材の変形形状であ

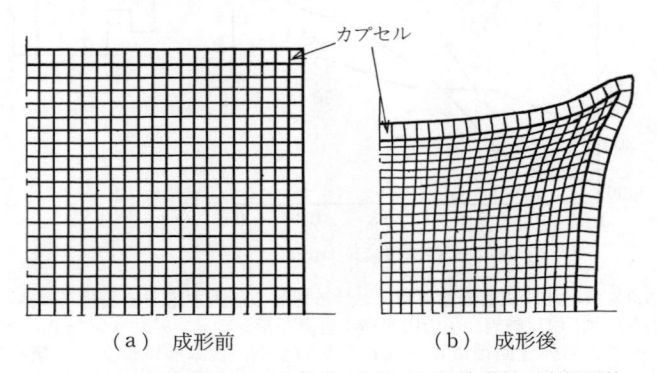

（a）成形前　　　　　　　　（b）成形後

図 13.2　金属粉末の静水圧成形における円柱状素材の変形形状

る[6]。カプセルは外側1層であり，カプセルと粉末の強度の差により，粉末は不均一に圧粉される。このため，最適なカプセル形状の予測がシミュレーションに望まれている。本シミュレーションでは，温度の影響を考慮していないが，HIP（熱間静水圧成形）の計算では温度分布の計算も必要になる。

13.3 焼結金属の加工

粉末焼結金属は密度を上昇させて強度を上げるため，焼結後しばしば塑性加工される。粉末焼結金属の塑性加工では，通常の溶製材と違って加工中に密度が変化する。

図13.3は，円柱状の粉末焼結体を据込み加工した後の相対密度分布である[7]。均一な密度分布を有する焼結体が，据込みによって不均一な密度分布をもつことになる。これは据込みによる塑性変形が均一でないためである。

図13.4は，粉末焼結体の圧延における加工中の相対密度分布である[8]。粉末材から板状の素材を成形する際は，圧延加工が有効な方法である。

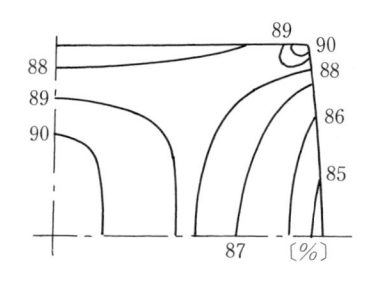

図13.3 円柱状粉末焼結体の据込み加工後の相対密度分布（森謙一郎，島　進，小坂田宏造：剛塑性有限要素法による多孔質金属の塑性加工の解析，日本機械学会論文集A編，**45**，396，pp.955〜964（1979）の図9より許可を得て転載）

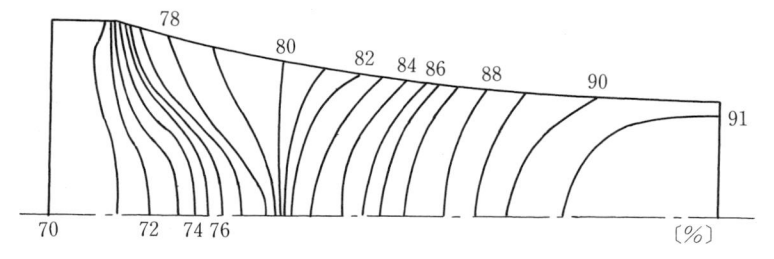

図13.4 粉末焼結体の平面ひずみ圧延における加工中の相対密度分布

13.4 セラミックス材の焼結

13.4.1 焼結収縮

ファインセラミックス材を構造用材料として用いるためには，製品の寸法精度が重要になる．セラミックス材では，焼結後素材形状を大きく変更するのは困難であるため，焼結後に製品形状に近い素材を得るためのネットシェイプ成形技術の確立が望まれている．セラミックス材は，粉末を圧粉成形した後焼結することによって製品になるが，セラミックス圧粉体は焼結中に大きく収縮し，焼結後の素材形状を予測することは一般に困難である．セラミックス製品の生産現場では，おもに技術者の経験的知識によって加工条件が決定されているが，試行錯誤のための繰返しおよび材料歩留りが問題となっている．最近新しいセラミックス材料が相次いで開発されているが，これらの製品化に際しては，技術者の経験的知識だけでは対処できなくなっており，焼結後の形状を予測できる方法が実際の現場において望まれている．

図 13.5 は突起付きリングの圧粉成形後の相対密度分布である[4]．粉末充てん時は一様な密度分布であるが，一体のポンチで成形しているため突起部とフランジ部で真の圧縮率が異なり，圧粉体は密度分布を有する．相対密度はフランジ部で高く，突起部で低くなっている．

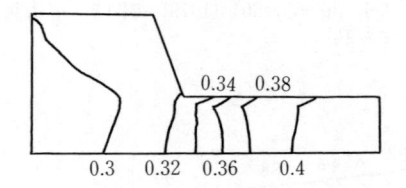

図 13.5 突起付きリングの圧粉成形後の相対密度分布

図 13.5 で計算された圧粉体の密度分布をもとにして焼結収縮の計算を行った．圧粉体の不均一な密度分布によって，図 13.6 に示すように圧粉体は焼結中に不均一に収縮する．突起部のほうが相対密度が低いため，フランジ部より大きく収縮しており，焼結後の形状は圧粉体の形状と相似形にならないで不均

13.4 セラミックス材の焼結

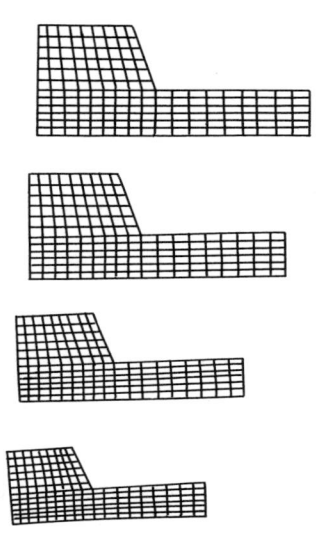

図 13.6 密度分布を有する圧粉体の焼結における不均一収縮挙動（森謙一郎：各種先端加工プロセスへの剛塑性有限要素法の適用，塑性と加工，**34**, 394, pp.1207〜1212（1993）の図1より転載）

一な収縮をしている．変形ステップの増加とともに不均一の程度は大きくなっている．

突起付き円板およびリングの焼結後の形状を**図 13.7**に示す．円板およびリ

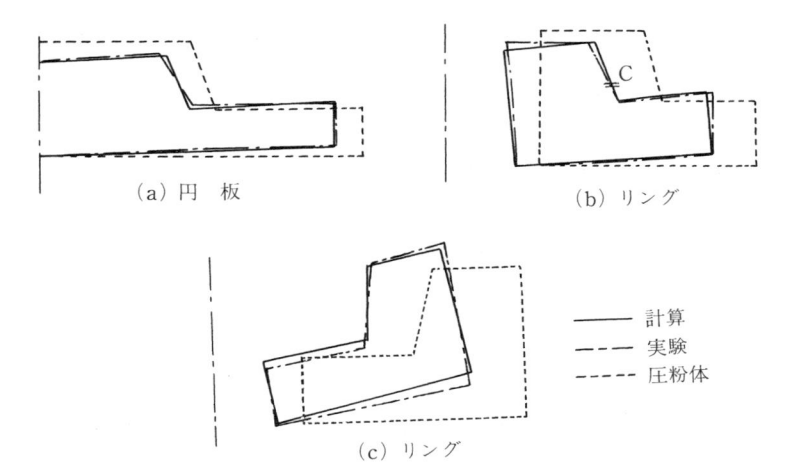

(a) 円 板

(b) リング

(c) リング

―――― 計算
― ― ― 実験
------- 圧粉体

図 13.7 焼結体の断面形状の計算と実験結果の比較（森謙一郎，宮崎雅英，小坂田宏造：セラミックス圧粉体の焼結における割れ発生の予測，日本機械学会論文集C編，**62**, 595, pp.1176〜1181（1996）の Fig.9 より許可を得て転載）

ングの下面はどちらも凸である曲がりを示しており,焼結後の仕上げ量が大きいことがわかる。

13.4.2 ネットシェイプ成形

密度分布および自重などによって,焼結体は圧粉体と相似形状にはならない。基本的には均一な密度分布の圧粉体を成形すればよいが,複雑な形状の製品に対しては成形が困難になる。そこでシミュレーションにおいて,焼結後に所定の製品形状になるように圧粉体の形状を最適化する[4]。圧粉体の形状は,圧粉金型の形状を変化させることによって達成できる。

まず,目標とする製品形状に対して圧粉体が均一に収縮するとして,圧粉金型の形状を設定する。この圧粉金型で,図 13.8 に示すように圧粉および焼結

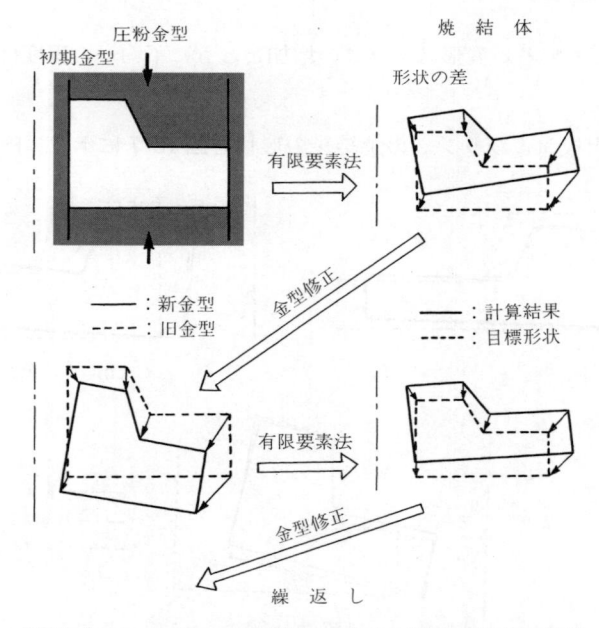

図 13.8 ネットシェイプ成形における圧粉金型形状の最適化(森謙一郎:各種先端加工プロセスへの剛塑性有限要素法の適用,塑性と加工,**34**, 394, pp.1207〜1212 (1993) の図 2 より転載)

の変形計算を剛塑性 FEM によって行い，焼結後の形状を求める．目標形状と計算された形状の差を求め，その差を圧粉金型の形状から引くことによって新しい金型形状を求める．得られた圧粉金型で再び圧粉および焼結の計算を行い，形状の差を求めて金型形状を修正する．これを繰り返すことによって形状を収束させ，目標とする焼結体の形状を得るための圧粉金型の形状を求める．

焼結後の目標形状との差は，両者の重心を一致させて角点において評価し，角点間は直線で近似する．シミュレーションにおいては角点以外も連続的に評価できるが，金型形状が曲面になって製作が複雑になるため，角点のみで修正を行う．

圧粉金型の形状を最適化させた計算結果を**図 13.9** に示す．フランジ部のほ

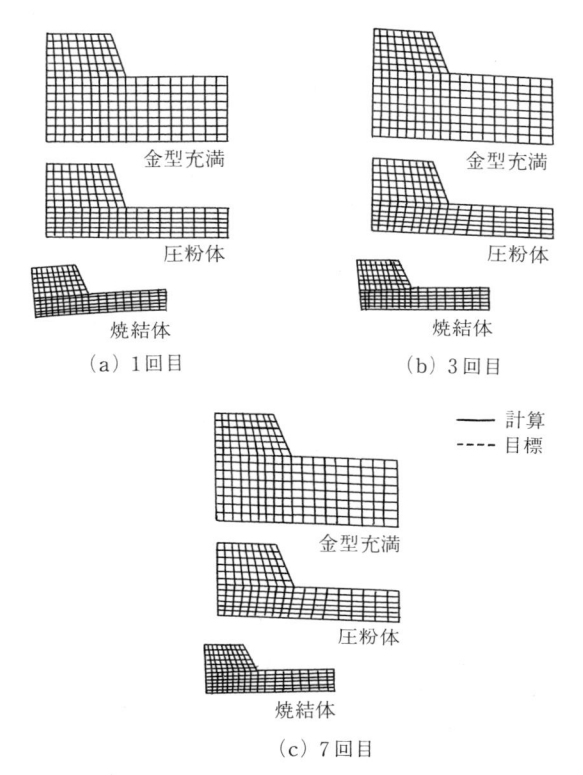

図 13.9　シミュレーションによる圧粉金型の最適化

うが突起部のほうより密度が大きくなるため，1回目の計算では焼結体と目標形状とのずれが大きいが，7回目の計算で目標形状にほぼ近い結果が得られている。

13.4.3 焼結割れ発生の予測

セラミックス圧粉体は焼結中に大きく収縮するが，密度分布，自重，敷板との摩擦などによってその収縮は不均一になる。不均一収縮が大きいと割れが生じることがあり，セラミックス製品の生産において問題となっている。しかしながら，セラミックス圧粉体の焼結時に発生する割れを予測する試みはまだほとんど行われていない。

焼結過程において，不均一収縮するときと均一収縮するときの体積ひずみの差が正の場合は静水圧応力は引張りになり，反対に体積ひずみ差が負の場合は圧縮応力になる。静水圧応力が引張りの場合は割れが生じる可能性があるため，焼結後の製品において均一収縮するときとの体積ひずみ差 $\Delta\varepsilon_v$ を用いて，つぎのような焼結割れ発生予測式が提案されている[9]。

$$W = \begin{cases} 0 & (R \leq 0) \\ R & (0 < R \leq 100), \\ 100 & (100 < R) \end{cases} \quad R = \alpha(\rho_0)\Delta\varepsilon_v + \beta(\rho_0) \qquad (13.9)$$

ここで，W〔％〕は割れ発生率，$\alpha(\rho_0)$，$\beta(\rho_0)$ は圧粉体の初期相対密度 ρ_0 の関数である。セラミックス材料では同じ条件でつねに割れるとはかぎらない範囲があるため，割れ発生率を用いている。式(13.9)では，体積ひずみ差がある値以上になると割れが生じることを表しており，割れ発生率は体積ひずみ差の一次関数で近似している。

アルミナの突起付き製品に対して，式(13.9)の割れ発生予測式から求められた割れ発生率分布と実験結果の比較を**図 13.10** に示す。それぞれの形状に対して計算と同じ条件で十数回実験を行い，実験の割れ発生率を求めた。突起付きリングの実験ではクラックが直接観察されたが，突起付き円板では，発生した

13.5 金属粉末射出成形

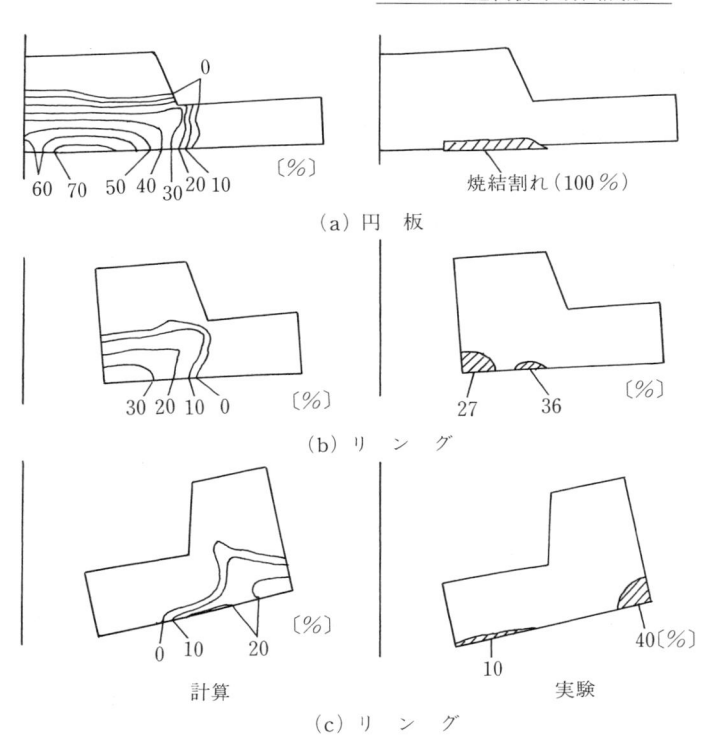

図 13.10 焼結割れ発生率分布の計算と実験結果の比較(森謙一郎,宮崎雅英,小坂田宏造:セラミックス圧粉体の焼結における割れ発生の予測,日本機械学会論文集C編,**62**,595,pp.1176〜1181 (1996) の Fig.11 より許可を得て転載)

クラックの焼結された痕が下面でほとんどの製品に残っていた。計算によって得られた割れ発生率および発生位置は実験結果とよく一致しており,本予測式が有効であることがわかる。

13.5 金属粉末射出成形

13.5.1 射出成形

金属粉末射出成形は,小型の複雑形状部品を1工程で成形できる方法として最近盛んに研究されている。金属粉末射出成形材は,微粉末を用いているため

焼結後の密度は高く，強度および延性が優れている．金属粉末射出成形では，金属粉末をプラスチックのバインダと混合して射出するが，プラスチック単体と異なった変形挙動を示す．プラスチック単体では，ゲート部付近で広がりを生じてゲート部付近から材料が充満する．しかしながら，金属粉末射出による成形材では，プラスチックの含有量が40〜50％程度であるために，圧縮性が低くて弾性回復がほとんどなく，ゲート部付近から素材が充満しないで，いわゆるジェッティング現象が観察される．金属粉末射出成形材は，金属材料に近い変形挙動を示しており，従来開発されているプラスチックの射出成形のシミュレータは用いることができない．このため，金属粉末射出成形における材料流動を予測する計算手法の開発が望まれている．

図 13.11 は，金属粉末射出成形における金型内への充満挙動を示したものである[10]．素材はゲート部付近では変形しないでジェッティング現象を起こしており，座屈現象を生じて折れ曲りを生じながら充満している．素材が接触して接触面が一体化する境界はウェルドラインと呼ばれ，焼結時に欠陥となりやすいため，その予測は重要である．

───── ウェルドライン

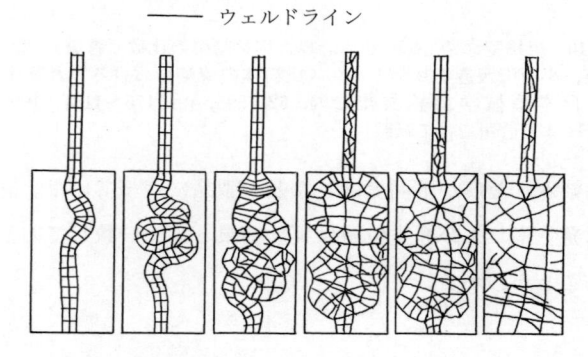

図 13.11 金属粉末射出成形材におけるジェッティング現象

13.5.2 焼結収縮

金属粉末射出成形体はバインダを脱脂した後，焼結されて製品となる．脱脂工程ではバインダを除去するため，脱脂した後の成形体は多量の空げきをもつ

ことになり，焼結ではこの空げきがなくなり大きく収縮する．金属粉末射出成形では，射出前の素材は混練工程で一定の粉末とバインダの比率で混ぜられているため，射出成形が完全であると得られた成形体は密度分布がないことになる．しかしながら，焼結工程では，成形体自体の自重および敷板との摩擦によって不均一に収縮し，それらの影響を考慮したシミュレーションが行われている[11]．

時計ケースの金属粉末射出成形材における焼結後の変形形状を図 **13.12** に示す．この計算では，焼結時の自重および支持台との摩擦の影響が考慮されており，射出成形材の密度分布は均一として，密度分布の影響は考えていない．金属粉末射出成形材では，焼結時の自重および支持台との摩擦により，不均一な

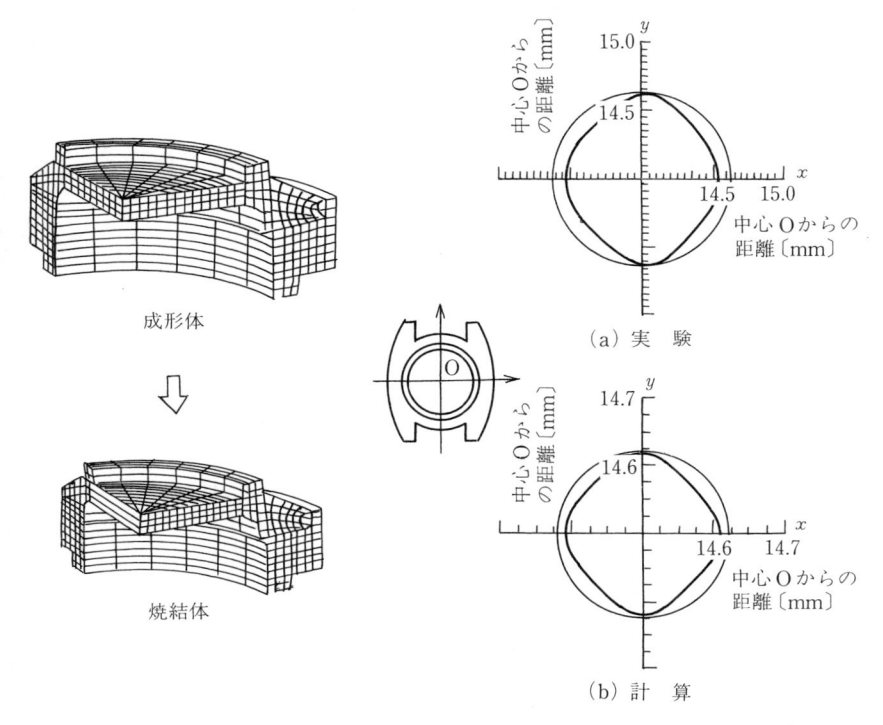

図 13.12 時計ケースの金属粉末射出成形材における焼結後の変形形状（森謙一郎：各種先端加工プロセスへの剛塑性有限要素法の適用，塑性と加工，**34**, 394, pp.1207〜1212 (1993) の図 5，図 6 より転載）

収縮が起こる．焼結後の形状が予測できれば，図 13.8 と同様な方法を用いることによって射出成形における型の形状を最適化することができ，ネットシェイプ成形につながる．

13.6 微視的解析

13.6.1 圧粉成形の粒子系有限要素法

圧粉成形では，粉末粒子間ですべりを生じさせて粒子が回転しながら成形される．通常の連続体力学では，粉末粒子の回転は小さいとして，回転の影響は無視されている．コッセラ連続体理論では，粉末粒子が十分小さい場合を考え，微視的な回転が連続的に起こっているものとし，微視的な回転によって生じるモーメントの釣合いも考える．モーメントを考えるために，単位面積当りの偶力である偶応力を導入する．コッセラ連続体理論で定式化された剛塑性有限要素法が提案されており，圧粉成形のシミュレーションに応用されている[12]．この方法は磁場中圧粉成形に拡張されている[13]．

圧粉成形において，粉末粒子の形状，粒度分布などの微視的な効果を考慮で

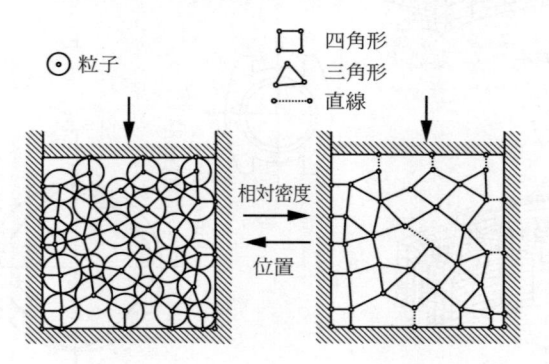

図 13.13 圧粉成形の粒子系有限要素法（森謙一郎，久次米竜太，小坂田宏造：有限要素法を用いた圧粉成形の粒子系解析法，日本機械学会論文集 A 編，**65**，639，pp.2224〜2229（1999）の Fig.2 より許可を得て転載）

きる剛塑性有限要素法が提案されている。この方法では，図 13.13 に示すように個々の粒子の接触を従来の粒子系解析法と同様に判定し，接触した粒子の中心を結ぶことによって有限要素法における要素を生成し，多孔質体の有限要素法で計算を行った[14]。

13.6.2 焼結の微視的解析法

焼結では，拡散現象によって焼結が収縮するために，粉末粒子レベルの微視的な焼結挙動をモンテカルロ法を用いてシミュレーションし，その情報をもとにして粘塑性有限要素シミュレーションが行われている。モンテカルロ法では，拡散現象がモデル化されており，図 13.14 に示すように粉末粒子の微視的な収縮挙動が取り扱える[15]。有限要素法は，今後微視的な方法と結合により適用範囲を広げることができる。

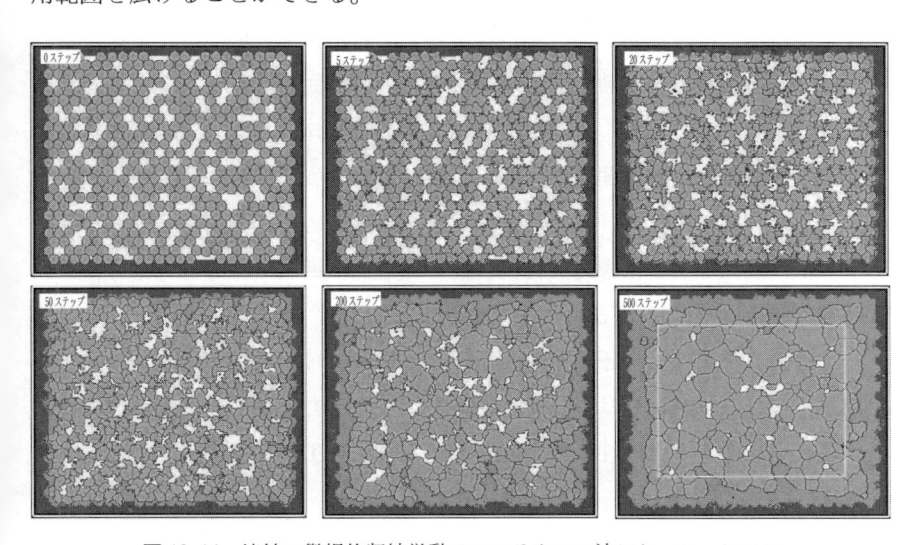

図 13.14 焼結の微視的収縮挙動のモンテカルロ法シミュレーション

14. 材料特性の測定

14.1 変形抵抗

14.1.1 変形抵抗曲線

　FEM シミュレーションの精度は，計算技術だけでなく材料特性によっても影響を受けるため，材料特性の測定は重要である。弾性変形では，ヤング率，ポアソン比などが材料定数であるが，これらの値は従来測定されている値を用いることができる。しかしながら，塑性加工のシミュレーションに必要な材料特性は，製造履歴，熱処理条件，加工条件などによって複雑に変化し，データベース化が容易ではなく，シミュレーション対象に応じて測定が必要になる。本章では，塑性加工の代表的な材料特性である**変形抵抗**（flow stress）と工具面**摩擦**（friction）の測定法について説明する。

　一軸引張りまたは一軸圧縮試験を行うと，**図 14.1** に示すような応力-ひずみ曲線が得られる。試験片は最初弾性変形を示し，応力とひずみは線形関係にある。降伏点を過ぎると塑性変形が起こり，素材は加工硬化を生じて応力が大き

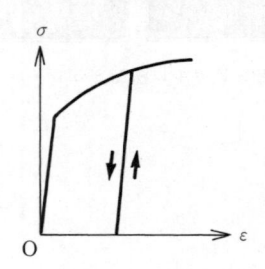

図 14.1　一軸引張りまたは一軸圧縮試験によって得られる応力-ひずみ曲線

14.1 変形抵抗

くなるが，その傾きはひずみとともに小さくなり，応力とひずみは塑性変形では非線形な関係になる。降伏後に除荷すると，応力はひずみとともに線形に減少し，その傾きは初期の弾性変形と同じになる。再負荷を行うともとの応力-ひずみ曲線上に乗って塑性変形が再開される。

　等方性材料の引張りと圧縮試験における応力-ひずみ曲線は，原点を中心とした対称形である。応力 σ の絶対値 $\bar{\sigma}$ を，全ひずみから弾性ひずみを除いた塑性ひずみ ε_p の絶対値 $\bar{\varepsilon}$ に関して表示した曲線を変形抵抗曲線（図 14.2）と呼び，塑性加工の変形挙動を解析する場合の材料特性となる。変形抵抗は加工温度，ひずみ速度によって影響を受けるが，圧力にはほとんど左右されない。

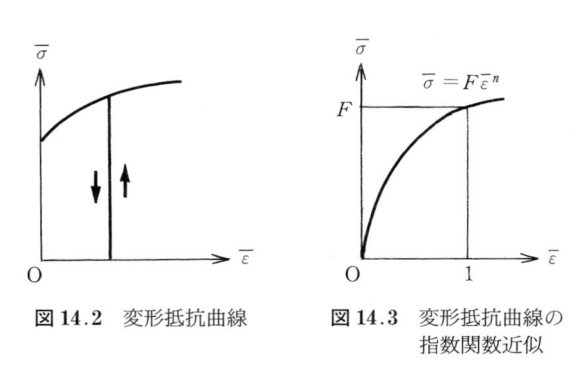

図 14.2 変形抵抗曲線　　**図 14.3** 変形抵抗曲線の指数関数近似

　FEM では，変形抵抗曲線は一般につぎのような指数関数（図 14.3）で近似される。

$$\bar{\sigma} = F\bar{\varepsilon}^n \tag{14.1}$$

ここで，n は加工硬化指数である。熱間加工では，素材のひずみ速度依存性が顕著になり，変形抵抗はひずみ速度依存性を考慮してつぎのように近似される。

$$\bar{\sigma} = F\bar{\varepsilon}^n \dot{\bar{\varepsilon}}^m \tag{14.2}$$

ここで，m はひずみ速度感受性指数である。

14.1.2 引張試験

引張試験の場合，最高荷重点に達するまでの範囲では，軸方向の応力は一様な単軸引張り状態であり，塑性変形における引張荷重 P をその瞬間の断面積 A で割ったものが変形抵抗になる．

$$\bar{\sigma} = \frac{P}{A} \tag{14.3}$$

最高荷重点以後ではくびれが生じて三軸引張応力状態になり，軸方向応力は図 14.4 のような中央で高い分布を示し，式(14.3)を適用して変形抵抗が測定できなくなる．引張試験では，ひずみが式(14.1)の加工硬化指数 n までしか一様変形を生じず，バルク加工のような大きなひずみ範囲における変形抵抗の測定には適していない．

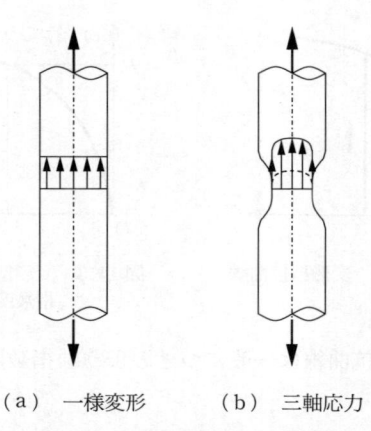

(a) 一様変形　　(b) 三軸応力

図 14.4　丸棒の一軸引張圧縮試験における応力状態

14.1.3 均一圧縮試験

引張試験では大きいひずみ範囲での変形抵抗は測定できないため，バルク加工における変形抵抗の測定には圧縮試験が一般的に用いられる．圧縮試験では，圧縮工具と試験片端面の間の摩擦によって三軸応力になり，変形形状もたる形になり（図 14.5(a)），工具面の摩擦をできるだけ小さくする必要があ

14.1 変形抵抗

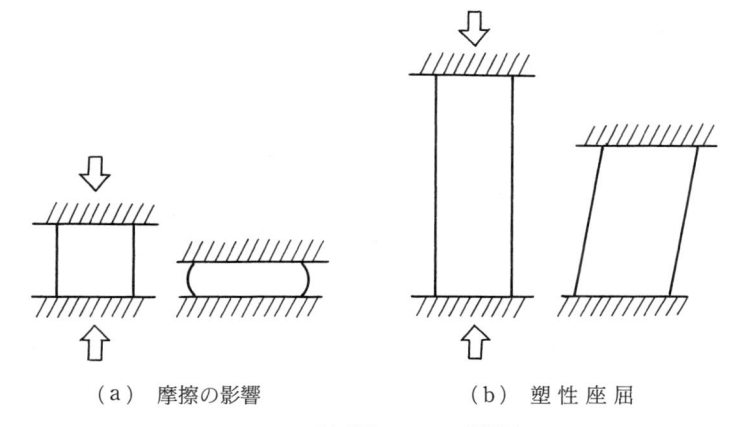

(a) 摩擦の影響　　　　(b) 塑性座屈

図 14.5　圧縮試験における問題点

る。工具面の摩擦を小さくするために，テフロンシートなどの摩擦の小さい潤滑剤が用いられている。また，試験片の高さを大きくすると摩擦の影響は相対的に小さくなるが，図(b)に示すように塑性座屈を生じて不均一な変形になる。摩擦を小さくした実験では，工具面ですべりやすくなっており，塑性座屈は発生しやすくなる。このため，試験片の高さと直径の比は 1.5〜2.0 程度が用いられている。

　圧縮中に端面の摩擦を小さくするため，図 14.6 に示すように試験片端面に油溜りを設けるラステガエフ法が提案されている。油膜が存在するため，工具間の距離と試験片の中央部の高さとが一致しないため，試験片の高さの測定に工夫を必要とする。

　変形抵抗 σ は圧縮荷重 P と高さ h の変化から次式で求められる。

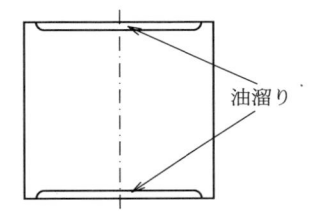

図 14.6　ラステガエフ法における油溜りをもつ試験片

14. 材料特性の測定

$$\bar{\sigma} = \frac{P}{A_0}\frac{h}{h_0} \tag{14.4}$$

圧縮とともに潤滑剤の性能は低下するため，**図 14.7** に示すように，ひずみを 10 % 程度与えるごとに除荷をして潤滑をし直すことが行われている。また，圧縮とともに試験片の高さと直径の比が小さくなって摩擦の影響が顕著になる。そこで，試験片の高さが約半分ぐらいになると試験片の側面を切削し，高さと直径の比を大きくして圧縮を行う方法がとられている。

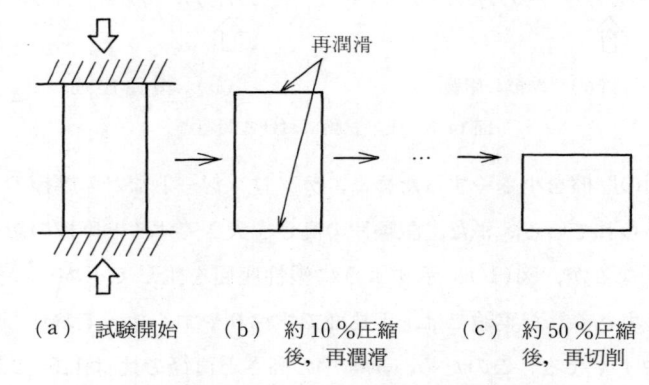

（a） 試験開始　　（b） 約 10 %圧縮後，再潤滑　　（c） 約 50 %圧縮後，再切削

図 14.7 摩擦を低減するための繰返し圧縮と再切削

上で述べた変形抵抗の測定方法は低速（ひずみ速度 $10^{-3}\sim10^{-1}$/s）で行われるが，実際の加工では高速（ひずみ速度 $10^0\sim10^3$/s）であり，またひずみも 1～2 に達することが多い。このため，端面拘束圧縮試験（**図 14.8**）を用いた実際の加工に近い条件での変形抵抗測定方法が提案されている[1]。

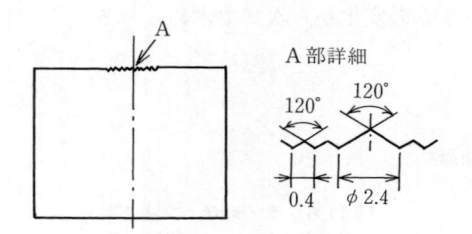

図 14.8 端面拘束圧縮試験に用いた同心円溝付き工具

14.2 摩擦係数

14.2.1 直接測定

摩擦係数は摩擦せん断応力と接触圧力の比であり，直接法では摩擦せん断応力と接触圧力を測定する．代表的な方法には，図 14.9 に示す測圧ピン法がある．側圧ピン法は，鍛造，圧延加工などの接触圧力を測定するために開発された方法であり，工具面に孔をあけてそこにピンを埋め込んでピンに作用する荷重を測定するものである．ピンの直径は小さいため，作用する荷重を断面積で割った平均圧力はその点の接触圧力と近似することができる．垂直および傾斜ピンを用いると 2 方向の圧力を測定することができ，垂直ピンに作用する力を p_n，角度 θ だけ傾いた傾斜ピンで測定された圧力を p_θ とすれば，摩擦係数 μ は次式で与えられる．

$$\mu = \frac{\tau_f}{p_n} = \left(\frac{p_\theta}{p_n} - 1\right) \cot \theta \tag{14.5}$$

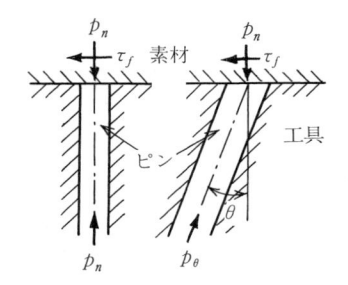

図 14.9 摩擦係数を測定するための測圧ピン法

測圧ピン法は直接法であるため摩擦係数の測定精度は高いが，装置が複雑になり，手間がかかる実験になるため，あまり用いられていない．

14.2.2 リング圧縮試験

変形形状から摩擦係数を推定することも行われている．**リング圧縮試験** (ring compression test) では，摩擦係数が小さい場合リングの内径は大きく

14. 材料特性の測定

なり，大きい場合には反対に内径が小さくなる．図 14.10 に示すように，摩擦係数 μ が小さい場合には工具との相対すべり速度 Δv が大きくなって内径が大きくなり，μ が大きい場合には工具との摩擦仕事を小さくするために Δv が小さくなって接触面上に中立線が現れ，それより内側にある内径は小さくなる．あらかじめ摩擦係数と内径の変化率の関係を求めておけば，その関係を使って内径の変化率から摩擦係数を求めることができる．スラブ法によって校正曲線が導かれているが，最近では有限要素法を使用してより高精度な校正曲線が計

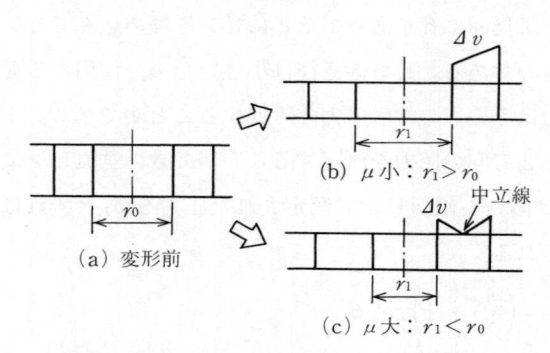

図 14.10 リング圧縮試験における内径の変化

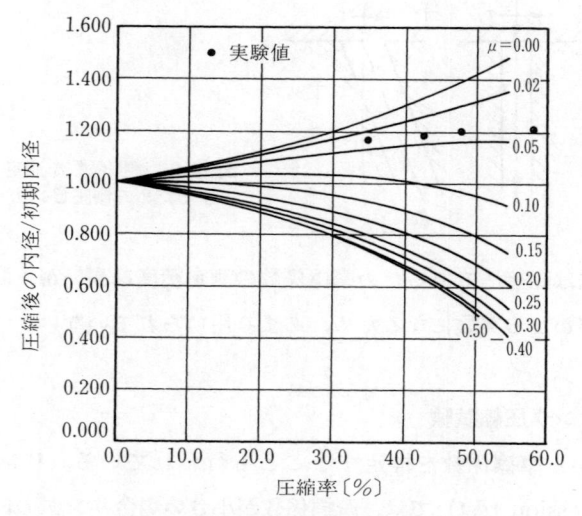

図 14.11 リング圧縮試験における内径変化率と圧縮率の関係

算されている．リング圧縮試験は内径の変化を測定するだけで摩擦係数が求まるため，簡便な方法であり，摩擦係数の測定には最もよく用いられている．

　有限要素シミュレーションから得られたリング圧縮試験における校正曲線を図 **14.11** に示す．リングの初期高さ，内径，外形の比は $1:1.5:3$ であり，素材の加工硬化指数は 0.2 である．この図に測定値をプロットすれば，摩擦係数 μ が得られ，この図は付録の CD-ROM の中に Excel ファイルとして入っている．

15. 軸対称鍛造加工のプログラミング

15.1 プログラムの使用

　バルク加工のFEMプログラムの構造を理解するために，圧縮特性法に基づいた剛塑性FEMを例として，軸対称鍛造加工のプログラムに使われる式およびソースコードの説明を行う．付録CD-ROMにはソースコードが収録されており，読者は自由にソースコードを読んで構造を理解することができる．また，FORTRANソースプログラムをコンパイルすると，限られた条件での鍛造加工の変形挙動をシミュレーションすることができるが，プログラムの実行は読者の責任において行っていただき，著者は本プログラムに関する問合せを受け付けない．

15.2 剛塑性FEMにおける軸対称変形の定式化

15.2.1 4節点アイソパラメトリック四角形要素

　剛塑性有限要素法では，軸対称変形や平面ひずみ変形などの二次元問題に4節点アイソパラメトリック四角形要素がよく用いられる．この要素内では軸対称変形において，r方向とz方向の速度v_rとv_zの分布は正規化された座標ξ，ηを導入してつぎのように仮定される（**図15.1**）．

15.2 剛塑性 FEM における軸対称変形の定式化

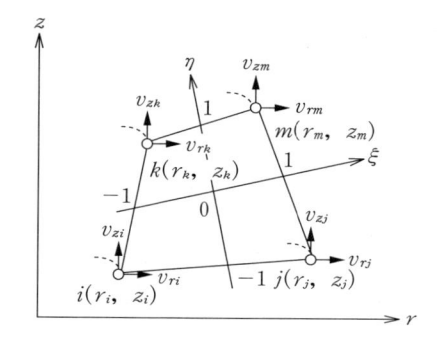

図 15.1 4節点アイソパラメトリック四角形リング要素

$$v_r = \frac{1}{4}\{(1-\xi)(1-\eta)v_{ri} + (1+\xi)(1-\eta)v_{rj}$$
$$+ (1+\xi)(1+\eta)v_{rm} + (1-\xi)(1+\eta)v_{rk}\},$$
$$v_z = \frac{1}{4}\{(1-\xi)(1-\eta)v_{zi} + (1+\xi)(1-\eta)v_{zj}$$
$$+ (1+\xi)(1+\eta)v_{zm} + (1-\xi)(1+\eta)v_{zk}\} \tag{15.1}$$

上式において，速度分布は節点において節点速度と一致するように決めてある。節点速度にかかっている係数を形状関数と呼ぶ。また，空間座標 r，z と正規化された座標 ξ，η の関係はつぎのようになる。

$$r = \frac{1}{4}\{(1-\xi)(1-\eta)r_i + (1+\xi)(1-\eta)r_j + (1+\xi)(1+\eta)r_m$$
$$+ (1-\xi)(1+\eta)r_k\},$$
$$z = \frac{1}{4}\{(1-\xi)(1-\eta)z_i + (1+\xi)(1-\eta)z_j + (1+\xi)(1+\eta)z_m$$
$$+ (1-\xi)(1+\eta)z_k\} \tag{15.2}$$

このように，節点速度と座標の形状関数が同じ関数になる要素をアイソパラメトリック要素と呼ぶ。

式 (2.6)，(15.1)，(15.2) より，軸対称変形のひずみ速度はつぎのように求まる。

$$\{\dot{\varepsilon}\} = [B]\{v\} \tag{15.3}$$
$$\{\dot{\varepsilon}\}^T = \{\dot{\varepsilon}_r, \ \dot{\varepsilon}_\theta, \ \dot{\varepsilon}_z, \ \dot{\gamma}_{rz}\}$$

15. 軸対称鍛造加工のプログラミング

$$\{v\}^T = \{v_{ri}, \ v_{zi}, \ v_{rj}, \ v_{zj}, \ v_{rm}, \ v_{zm}, \ v_{rk}, \ v_{zk}\}$$

$$[B] = \begin{bmatrix} B_i & 0 & B_j & 0 & B_m & 0 & B_k & 0 \\ D_i & 0 & D_j & 0 & D_m & 0 & D_k & 0 \\ 0 & C_i & 0 & C_j & 0 & C_m & 0 & C_k \\ C_i & B_i & C_j & B_j & C_m & B_m & C_k & B_k \end{bmatrix}$$

$$J = (\alpha_1 + \alpha_3 \eta) \times (\beta_2 + \beta_3 \xi) - (\alpha_2 + \alpha_3 \xi) \times (\beta_1 + \beta_3 \eta)$$

$$\alpha_1 = -r_i + r_j + r_m - r_k, \quad \alpha_2 = -r_i - r_j + r_m + r_k$$

$$\alpha_3 = r_i - r_j + r_m - r_k, \quad \beta_1 = -z_i + z_j + z_m - z_k$$

$$\beta_2 = -z_i - z_j + z_m + z_k, \quad \beta_3 = z_i - z_j + z_m - z_k$$

$$B_i = \frac{2}{J}(z_{jk} - z_{mk}\xi - z_{jm}\eta), \quad B_j = \frac{2}{J}(-z_{im} + z_{mk}\xi + z_{ik}\eta),$$

$$B_m = \frac{2}{J}(-z_{jk} + z_{ij}\xi - z_{ik}\eta), \quad B_k = \frac{2}{J}(z_{im} - z_{ij}\xi + z_{jm}\eta),$$

$$C_j = \frac{2}{J}(-r_{jk} + r_{mk}\xi + r_{jm}\eta), \quad C_i = \frac{2}{J}(r_{im} - r_{mk}\xi - r_{ik}\eta),$$

$$C_m = \frac{2}{J}(r_{jk} - r_{ij}\xi + r_{ik}\eta), \quad C_k = \frac{2}{J}(-r_{im} + r_{ij}\xi - r_{jm}\eta),$$

$$D_i = \frac{1}{4r}(1-\xi)(1-\eta), \quad D_j = \frac{1}{4r}(1+\xi)(1-\eta),$$

$$D_m = \frac{1}{4r}(1+\xi)(1+\eta), \quad D_k = \frac{1}{4r}(1-\xi)(1+\eta),$$

$$r_{ij} = r_i - r_j, \quad z_{ij} = z_i - z_j$$

この際，ひずみ速度における微分はつぎのようになる．

$$\dot{\varepsilon}_r = \frac{\partial v_r}{\partial r} = \frac{\partial v_r}{\partial \xi}\frac{\partial \xi}{\partial r} + \frac{\partial v_r}{\partial \eta}\frac{\partial \eta}{\partial r} \tag{15.4}$$

上式の $\partial v_r/\partial \xi$，$\partial v_r/\partial \eta$ は式(15.1)を微分すれば，容易に求まる．$\partial \xi/\partial r$，$\partial \eta/\partial r$ は式(15.2)を r で微分したつぎの連立方程式から求まる．

$$4 = \alpha_1 \frac{\partial \xi}{\partial r} + \alpha_2 \frac{\partial \eta}{\partial r} + \alpha_3 \eta \frac{\partial \xi}{\partial r} + \alpha_3 \xi \frac{\partial \eta}{\partial r},$$

$$0 = \beta_1 \frac{\partial \xi}{\partial r} + \beta_2 \frac{\partial \eta}{\partial r} + \beta_3 \eta \frac{\partial \xi}{\partial r} + \beta_3 \xi \frac{\partial \eta}{\partial r} \tag{15.5}$$

15.2 剛塑性 FEM における軸対称変形の定式化

これらは x-y 座標の微分を ξ-η 座標の微分に変換するものであり，ヤコビアンと呼ばれるものと等しい．四角形要素の場合，ひずみ速度は要素内で一定ではない．

15.2.2 汎関数の数値積分

有限要素法では，素材を多数の要素に分割して計算を行う．このため，式(2.35)の汎関数は要素ごとの和として表される．

$$\Phi_2 = \Phi_d + \Phi_f - \Phi_t \tag{15.6}$$

$$\Phi_d = \sum^{ne}\int_{V_e} \frac{F\bar{\varepsilon}^n}{m+1}\dot{\bar{\varepsilon}}^{*m+1}dV, \quad \Phi_f = \sum^{ne_1}\int_{S_{fe}} |\tau_f||\Delta v^*|dS,$$

$$\Phi_t = \sum^{ne_2}\int_{S_{fe}} T_i v_i dS$$

ここで，n_e は全要素数，n_{e1} は工具と接触している要素の数，n_{e2} は外力が作用している要素の数である．積分範囲の添字 e は要素に関する積分を表している．また，変形抵抗式は式(2.31)を用いている．

通常の要素では要素内でひずみ速度は一定ではないので，汎関数の積分を解析的に求めるのは難しく，数値積分を用いる．Φ_d は ξ, η 座標を用いることによって，つぎのように変換できる．

$$\Phi_d = 2\pi\sum^{ne}\frac{F}{m+1}\int_{-1}^{1}\int_{-1}^{1}\frac{J}{16}r\bar{\varepsilon}^n\dot{\bar{\varepsilon}}^{*m+1}d\xi d\eta \tag{15.7}$$

$$\frac{J}{16} = \begin{vmatrix} \frac{\partial r}{\partial \xi} & \frac{\partial r}{\partial \eta} \\ \frac{\partial z}{\partial \xi} & \frac{\partial z}{\partial \eta} \end{vmatrix}$$

ここで，J は式(15.3)において表されており，$J/16$ はヤコビアンである．ガウスの求積法を用いて数値的に積分を行い，4点の積分点（$\xi = \eta = \pm 0.57735$）をとると，式(15.7)はつぎのように近似される．

$$\Phi_d \fallingdotseq 2\pi\sum^{ne}\frac{F}{16(m+1)}\sum^{4}(Jr\bar{\varepsilon}^n\dot{\bar{\varepsilon}}^{*m+1}) \tag{15.8}$$

4点の積分点における J, r, $\bar{\varepsilon}$, $\dot{\bar{\varepsilon}}^*$ の値を用いて数値積分を行う．ただ

し，式(2.27)の相当ひずみ速度の中の体積ひずみ速度は体積一定条件を表しており，積分において4点の値をとると，体積一定条件の拘束が厳しくなって解が求まらなくなる．例えば，**図 15.2** のように分割すると，要素数が 16, 節点数が 25, 変数になる節点速度の数が 50 になり，4 点積分では体積一定の条件が 64 になって変数の数より体積一定の拘束条件の数が多くなり，自由度が足らなくなる．体積ひずみ速度の値は 4 点の平均値 $\dot{\varepsilon}_{va}$ を用いて，要素内で一定として取り扱う．

$$\dot{\varepsilon}_{va} = \frac{1}{4}\sum_{}^{4}(\dot{\varepsilon}_r + \dot{\varepsilon}_\theta + \dot{\varepsilon}_z) \tag{15.9}$$

体積ひずみ速度の積分だけを 1 点の値で行う積分を低減積分と呼ぶ．

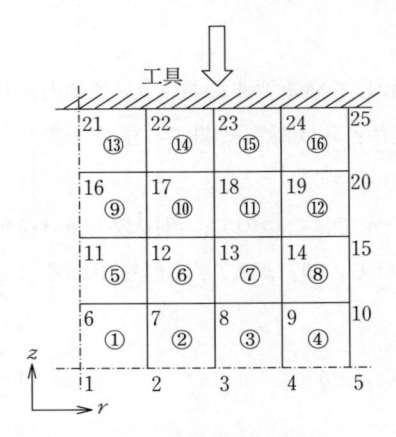

図 15.2 要 素 分 割

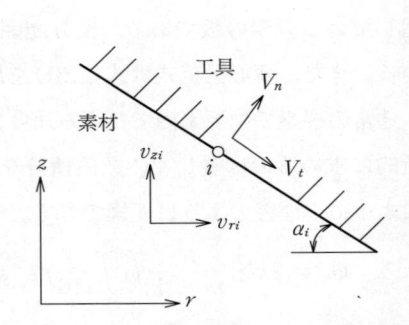

図 15.3 工具面に沿う速度の境界条件

摩擦に関する Φ_f はつぎのように近似する．

$$\Phi_f \simeq \sum_{}^{n_{p1}}\mu F_n |\Delta v^*| \tag{15.10}$$

$$|\Delta v^*| = \sqrt{\left(\frac{v_{ri}}{\cos \alpha_i} - \tan \alpha_i V_n - V_t\right)^2 + v_s^2}$$

$$V_n = \sin \alpha_i v_{ri} + \cos \alpha_i v_{zi}$$

ここで，n_{p1} は工具と接触している節点の数，μ は摩擦係数，F_n は工具に垂直な方向の節点力，α_i は節点 i における工具と r 軸との角度（**図 15.3**），V_n

と V_t は工具の法線方向と接線方向の速度である．F_n は汎関数の最小化の繰返しにおける 1 回前の値を用いる．図 15.3 に示す工具面に沿って素材が流れるという境界条件から，v_z を従属変数として相対すべり速度は v_r だけが変数となる．また，外力に関する Φ_t も節点力を用いてつぎのように近似する．

$$\Phi_t \fallingdotseq \sum^{n_{p2}}(F_r v_r + F_z v_z) \tag{15.11}$$

ここで，n_{p2} は外力の作用している節点の数，F_r と F_z は外力に対する r 方向と z 方向の節点力である．

15.2.3 汎関数の最小化

式 (11.8)，(11.10)，(11.11) より，汎関数は節点速度の関数となる．このため，節点速度を適当に変化させることによって汎関数を最小にすることができる．汎関数の最小化の条件はつぎの連立方程式を解くことによって求まる．

$$\frac{\partial \Phi_2}{\partial v_{r1}} = 0, \quad \frac{\partial \Phi_2}{\partial v_{z1}} = 0, \quad \frac{\partial \Phi_2}{\partial v_{r2}} = 0, \quad \frac{\partial \Phi_2}{\partial v_{z2}} = 0,$$

$$\cdots, \quad \frac{\partial \Phi_2}{\partial v_{ri}} = 0, \quad \frac{\partial \Phi_2}{\partial v_{zi}} = 0 \quad (i = 1, \cdots, n_p) \tag{15.12}$$

ここで，n_p は全節点数である．微小変形理論を用いているため，J，r，$\bar{\varepsilon}$ は節点速度の関数ではなく，$\dot{\bar{\varepsilon}}$ だけが節点速度の関数になる．

式 (15.8) より，Φ_d の微分はつぎのようになる．

$$\frac{\partial \Phi_d}{\partial v_{ri}} \fallingdotseq 2\pi \sum^{nel} \frac{F}{16} \sum^{4}(Jr\bar{\varepsilon}^n \dot{\bar{\varepsilon}}^{*m-1}[\{E\}[B] + \{F\}_a[B]_a])\{v\},$$

$$\frac{\partial \Phi_d}{\partial v_{zi}} \fallingdotseq 2\pi \sum^{nel} \frac{F}{16} \sum^{4}(Jr\bar{\varepsilon}^n \dot{\bar{\varepsilon}}^{*m-1}[\{G\}[B] + \{H\}_a[B]_a])\{v\} \tag{15.13}$$

$$\{E\} = \frac{2}{9}\left\{2B_i - D_i, \ 2D_i - B_i, \ -B_i - D_i, \ \frac{3}{2}C_i\right\},$$

$$\{F\}_a = \frac{1}{g}\{B_i + D_i, \ B_i + D_i, \ B_i + D_i, \ 0\}_a,$$

$$\{G\} = \frac{2}{9}\left\{-C_i, \ -C_i, \ 2C_i, \ \frac{3}{2}B_i\right\},$$

15. 軸対称鍛造加工のプログラミング

$$\{H\}_a = \frac{1}{g}\{C_i, \ C_i, \ C_i, \ 0\}_a$$

ここで，n_{el} は節点 i を含む要素の数，添字 a は 4 点の積分点の平均値である。

式(15.10)より，Φ_f の微分はつぎのようになる。

$$\frac{\partial \Phi_f}{\partial v_{ri}} \doteqdot \frac{\mu F_{ni}}{\cos \alpha_i |\Delta v^*|}\left(\frac{v_{ri}}{\cos \alpha_i} - \tan \alpha_i V_n - V_t\right) \tag{15.14}$$

式(15.11)より，Φ_t の微分はつぎのようになる。

$$\frac{\partial \Phi_t}{\partial v_{ri}} = F_{ri}, \quad \frac{\partial \Phi_t}{\partial v_{zi}} = F_{zi} \tag{15.15}$$

相当ひずみ速度および相対すべり速度が節点速度の非線形関数であるので，式(15.13)，(15.14)，(15.15)より式(15.12)は節点速度の非線形連立方程式になり，このままでは解が求まらない。この非線形連立方程式の解法としては，二つの繰返し方法が一般に用いられている。式(15.13)，(15.14)は節点速度の一次の項がかかっているので，非線形連立方程式をつぎのように線形連立方程式に近似する。

$$[A]_{n-1}\{v\}_n = \{F\}_{n-1} \tag{15.16}$$

ここで，$[A]$ は式(15.13)，(15.14)において節点速度の一次の項にかかっている係数であり，$\{F\}$ は工具速度の境界条件を式(15.13)，(15.14)に代入することによって求まる係数と，式(15.15)の外力に対する節点力の和である。添字 $n-1$ は，繰返しにおける 1 回前の節点速度を用いて係数を求めることを示している。n 回目の解が求まると，それからつぎの回の係数を求め，繰返し計算によって非線形連立方程式を解く。

もう一つの方法はニュートン・ラフソン法を用いるものであり，非線形連立方程式（式(15.12)）を $(v_{r1})_0$, $(v_{z1})_0$, …からの節点速度の微小項 dv_{r1}, dv_{z1}, …で線形連立方程式に近似するものである。

$$\frac{\partial \Phi_2}{\partial v_{ri}} = A_i \doteqdot (A_i)_0 + \left(\frac{\partial A_i}{\partial v_{r1}}\right)_0 dv_{r1} + \left(\frac{\partial A_i}{\partial v_{z1}}\right)_0 dv_{z1} + \cdots \tag{15.17}$$

計算された dv_{r1}, dv_{z1}, …を $(v_{r1})_0$, $(v_{z1})_0$, …に加え，それを新しい $(v_{r1})_0$,

$(v_{1z})_0$,…として,繰返し計算によって解を求める。

式(15.16)の方法は連立方程式を微分しないため,式(15.17)の方法よりも簡単である。通常の加工では,式(15.16)でも一般に十分な収束が得られる。

15.2.4 初期速度場

式(15.12)の連立方程式は非線形であるので,それを線形化して繰返し計算によって解を求める。繰返し計算には初期の節点速度が必要になる。この初期の節点速度が正解に近くないと汎関数が最小値に収束しないことがあり,正解に近い節点速度を求めることが重要になる。

節点速度として,つぎの関数を最小にする解を初期の節点速度とする[1]。

$$\Phi_4 = \sqrt{(2\pi)^2 \sum_{n_e}^{n_e} \frac{1}{16^2} \sum^4 (J_r F \bar{\varepsilon}^n \dot{\bar{\varepsilon}})^2 + \sum^{n_{p1}} (\mu F_n |\Delta v|)^2 - \sum^{n_{p2}} \{\pm (F_r v_r)^2 \pm (F_z v_z)^2\}}$$

(15.18)

上式の右辺 3 項目の±は,$F_r v_r$ または $F_z v_z$ が正のとき+,負のとき-になる。上式では相当ひずみ速度および相対すべり速度が 2 乗されているため,最小化の連立方程式は線形になり,1 回で解が求まる。上式は式(15.8),(15.10),(15.11)をそれぞれ 2 乗したものであり,汎関数と形が似ているため,それぞれを最小にする節点速度は近い値になる。この方法は鍛造,圧延,押出し,板材成形などに応用されており,正解に近い速度場が得られている。

15.3 軸対称鍛造プログラムの説明

15.3.1 フローチャート

15.2 節の計算式を用いて開発された軸対称鍛造シミュレーションプログラムのソースコード forg.for に関して説明する。プログラムは,限られた条件でしか実行できない簡易バージョンであるため,実行には注意が必要である。業務などで計算結果を利用する場合には,本プログラムは十分でなく,市販プログラムの購入が必要である。

15. 軸対称鍛造加工のプログラミング

図 15.4 に示すように，プログラムは円柱状素材の鍛造加工をシミュレーションするものであり，つぎのような条件において計算が実行できる。

1) 金型は剛体であり，断面は折れ線で近似される。
2) 変形前の素材は円柱またはリングであり，その断面は矩形の要素に分割される。
3) 金型面には摩擦係数で与えられる摩擦が作用しており，下金型は止まっており，上金型が下に動くことによって素材が変形させられる。
4) 大きな塑性変形を受けて要素がゆがんだ後の要素再分割機能は有していない。

CD-ROM の中に入っているソースコード forg.for は FORTRAN で書かれており，プログラムの実行には FORTRAN コンパイラでコンパイルする必要

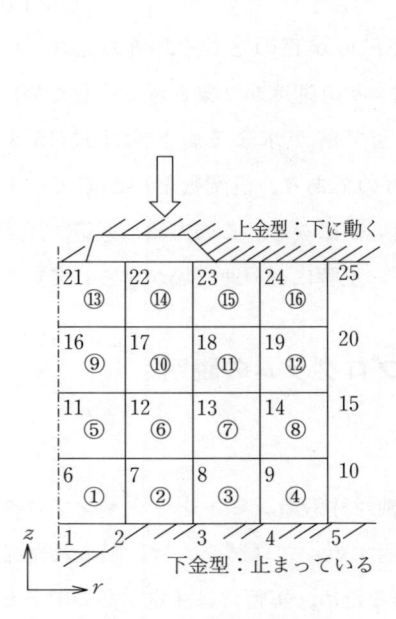

図 15.4 要素分割

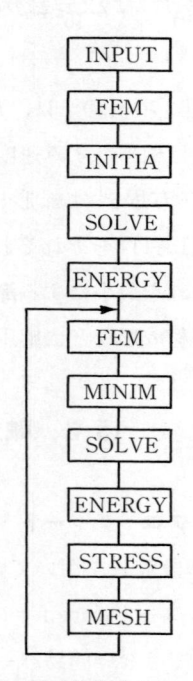

図 15.5 軸対称鍛造シミュレータ forg.for のフローチャート

15.3 軸対称鍛造プログラムの説明

がある。

forg.for は図15.5に示すようなフローチャートで計算を行っており、それぞれのサブルーチンはつぎのような計算を行っている。

INPUT：入力データ
FEM：Bマトリックスおよび要素を構成する辺の平均面積の計算
ENERGY：ひずみ速度，汎関数，摩擦仕事の計算
INITIA：初期速度場の連立方程式の係数の計算
MINIM：汎関数の最小化（節点力の釣合い）の連立方程式の係数の計算
STRESS：応力および不釣合い応力の計算
MESH：次ステップの格子の変形と相当応力および金型との接触の更新
SOLVE：連立方程式の解を計算

15.3.2 変数の説明

プログラムにはつぎのような変数が使われている。

NELEM	要素数
NPOIN	節点数
NX	変数の数，節点速度の2倍から速度の境界条件の数を引いた値
M1	バンド幅
NPOIN2	節点数の2倍
NC1	金型面上の節点数
SDA	要素を構成する辺を回転させた面の平均面積
PS	式(2.45)の不釣合い応力

COMMON/ABC/

A(I,J)　　連立方程式の係数をバンド化したもの
　　　　　I=1, NX+M1, J=1, M1
A1(I)　　連立方程式の定数項，SOLVE通過後はSOLVEの解
　　　　　I=1, NX+M1
A2(I)　　連立方程式の既知量を除いていない1行　I=1, NPOIN2

15. 軸対称鍛造加工のプログラミング

COMMON/BCD/

B(4,J,5)	BマトリックスのB	
C(4,J,5)	BマトリックスのC	
D(4,J,5)	BマトリックスのD	
W(J)	エネルギー消散率	
VG(J,4)	ヤコビアン	
S2(5,J)	応力 $1:\sigma_r, 2:\sigma_\theta, 3:\sigma_z, 4:\tau_{rz}, 5:\sigma_m$	J=1, NELEM
S1(J)	$F\bar{\varepsilon}^n$	
E(4,J,5)	ひずみ速度 $1:\dot{\varepsilon}_r, 2:\dot{\varepsilon}_\theta, 3:\dot{\varepsilon}_z, 4:\dot{\gamma}_{rz}$	
EQ0(J,5)	相当ひずみ速度	
EQ1(J)	相当ひずみ	
SEM(J)	$\bar{\sigma}=F\bar{\varepsilon}^n\dot{\bar{\varepsilon}}^m$ の m 値	
XY(2,I)	節点座標	
U(2,I)	節点速度	I=1, NPOIN
STRNOD(I)	節点における相当ひずみ	
SF(I)	節点の摩擦力	
VE(I)	相対すべり速度	I=1, NC1
PL(2,I)	金型の傾き $1:\tan\theta, 2:1/\cos 2\theta$	
DLXY(2,30)	下金型の角点の座標	
DUXY(2,30)	上金型の角点の座標	
XIETA(2,4)	ガウス積分の積分点の ξ-η 座標	
TVE	金型の速度	
EN	汎関数	
EF	全摩擦エネルギー消散率	
F	式(2.27)の $1/g$	
FA	$\bar{\sigma}=F\bar{\varepsilon}^n\dot{\bar{\varepsilon}}^m$ の F 値	
SEN	$\bar{\sigma}=F\bar{\varepsilon}^n\dot{\bar{\varepsilon}}^m$ の n 値	

EE	式(2.42)の e である相当ひずみ速度に加えられる小さな値の2乗	
VV	式(2.37)の v_s である相対すべり速度に加えられる小さな値の2乗	

COMMON/CDE/

NOD(4,J)	各要素の4節点番号	J=1, NELEM
IB(5,I)	節点が形づくっている要素の要素番号	
IC(5,I)	節点が形づくっている要素の4節点番号	I=1, NPOIN
ID(I)	節点が属している要素の数	
NP(I)	不釣合い応力を計算する節点の番号	I=1, NP1
NT(I)	速度境界条件を除いた変数がもとの方程式の番号	
	r 方向：節点番号 x 2-1,	
	z 方向：節点番号 x 2	I=1, NX
NC(2,I)	金型との接触節点　1：接触している節点の番号,	
	2：=1 上金型, =2 上金型	I=1, NC1
NSU(I,3)	表面の節点　1：表面の節点番号, 2：接触している金型の辺の番号, 3：金型の辺の番号が変化したときの金型の辺の番号	I=1, NSU1
NCO(I)	表面で速度を拘束される節点の番号	I=1, NCO1

配列の大きさは PARAMETER 文で設定されており，実行においてはつぎの規則を満足して値を設定しなければならない。

MPOIN ≧ NPOIN

MELEM ≧ NELEM

MX ≧ NX

MB ≧ (NEX+3) * 2　(NEX ≦ NEY)　または

MB ≧ (NEY+3) * 2　(NEX > NEY)

15.3.3　入出力ファイルと入力データ

入出力ファイルにはつぎのようなものがあり，OPEN 文で定義されている。

forg.dat　　入力データ

15. 軸対称鍛造加工のプログラミング

forg.out　　総合の出力データ
forg1.out　　各変形ステップの節点座標の出力データ

入力データは forg.dat の中にテキストエディタで書き込んでおき，プログラムの実行においてこのデータが読み込まれて計算が行える．入力データの説明をつぎに示す．

NSY	$=0$：上下対称，$=1$：上下非対称
NPA	加工段数
NEX	半径方向の要素数
NEY	軸方向の要素数
XY(1,I)	半径方向の節点位置
XY(2,I)	軸方向の節点位置
FA	$\bar{\sigma} = F\bar{\varepsilon}^n\dot{\bar{\varepsilon}}^m$ の F 値
SEN	$\bar{\sigma} = F\bar{\varepsilon}^n\dot{\bar{\varepsilon}}^m$ の n 値
SEM(1)	$\bar{\sigma} = F\bar{\varepsilon}^n\dot{\bar{\varepsilon}}^m$ の m 値
NST	変形ステップ数
FRICU	下金型の摩擦係数
FRICL	上金型の摩擦係数
TVE	上金型の速度（下金型の速度は 0）
NDU	上金型の角の数
NDL	下金型の角の数
DUXY	上金型の角の位置
DLXY	下金型の角の位置

リング圧縮試験において，入力データファイル forg.dat の具体的な数値を説明する．

0　　　　　　　　　　　　1/2（上下対称）or 1/1 モデル
1 15 10　　　　　　　　　加工段数　半径方向の要素数　軸方向の要素数

15.3 軸対称鍛造プログラムの説明

```
7.5 8.0 8.5 9.0 9.5 10.0 10.5 11.0 11.5  ⎫   半径方向の節点位置（上で入
12.0 12.5 13.0 13.5 14.0 14.5 15.0        ⎭   力した半径方向の要素数に1
                                              を加えた個数）

0.0 0.5 1.0 1.5 2.0 2.5 3.0 3.5 4.0 4.5 5.0   軸方向の節点位置（上で
                                              入力した軸方向の要素数
                                              に1を加えた個数）

500.0 0.2 0.0            $F$ 値  $n$ 値  $m$ 値
80                       変形ステップ数
0.1 0.1 1.0              上金型の摩擦係数　下金型の摩擦係数上　上金型の速度  ⎫
2 0                      上金型の角の数　下金型の角の数（上下対称の場合は0にする）⎬
0.0 5.0  100.0 5.0       上金型の角の位置（半径は増加する方向      ⎪
                         に入力し，角度が直角になってはいけない）  ⎪
                         上下対称のため下金型のデータはなし        ⎭
```

└→ 2段以降の加工がある場合はこれだけのデータを付け加える．

ソースプログラムの説明は長くなるため，添付 CD-ROM のファイル　ソースプログラム.doc を参照されたい．

参 考 文 献

1章

1) P.V. Marcal and I.P. King : Elastic-plastic analysis of two-dimensional stress systems by the finite element method, Int. J. Mech. Sci., **9**, pp.143〜155 (1967)
2) Y. Yamada, N. Yoshimura and T. Sakurai : Plastic stress-strain matrix and its application for the solution of elastic-plastic problems by the finite element method, Int. J. Mech. Sci., **10**, pp.343〜354 (1968)
3) O.C. Zienkiewicz, S. Valliappan and I.P. King : Elastic-plastic solutions of engineering problems 'initial stress', finite element approach, Int. J. Num. Meth. Eng., **1**, pp.75〜100 (1969)
4) R.M. McMeeking and J.R. Rice : Finite-element formulations for problems of large elastic-plastic deformation, Int. J. Solids Structures, **11**, pp.601〜616 (1975)
5) D.J. Hayes and P.V. Marcal : Determination of upper bounds for problems in plane stress using finite element techniques, Int. J. Mech. Sci., **9**, pp.245〜251 (1967)
6) C.H. Lee and S. Kobayashi : New solutions to rigid-plastic deformation problems using a matrix method, Trans. ASME, Ser. B, **95**, 3, pp.865〜873 (1973)
7) O.C. Zienkiewicz and P.N. Godbole : A penalty function approach to problems of plastic flow of metals with large surface deformations, J. Strain Analysis, **10**, 3, pp.180〜183 (1975)
8) K. Osakada, J. Nakano and K. Mori : Finite Element Method for Rigid-Plastic Analysis of Metal Forming—Formulation for Finite Deformation, Int. J. Mech. Sci., **24**, 8, pp.459〜468 (1982)

2章

1) C.H. Lee and S. Kobayashi : New solutions to rigid-plastic deformation

problems using a matrix method, Trans. ASME, Ser. B, **95**, 3, pp.865〜873 (1973)

2) K. Osakada, J. Nakano and K. Mori : Finite Element Method for Rigid-Plastic Analysis of Metal Forming—Formulation for Finite Deformation, Int. J. Mech. Sci., **24**, 8, pp.459〜468 (1982)

3) O.C. Zienkiewicz and P.N. Godbole : A penalty function approach to problems of plastic flow of metals with large surface deformations, J. Strain Analysis, **10**, 3, pp.180〜183 (1975)

4) K. Mori and K. Osakada : Finite element simulation of three-dimensional deformation in shape rolling, Int. J. Numer. Meth. Eng., **30**, 8, pp.1431〜1440 (1990)

5) S. Kobayashi, S.-I. Oh and T. Altan : Metal Forming and the Finite-Element Method, p.87, Oxford University Press (1989)

6) 森謙一郎, 島　進, 小坂田宏造：剛塑性有限要素法における問題点とその解決法, 塑性と加工, **21**, 234, pp.593〜600（1980）

7) K. Mori and K. Osakada : Simulation of three-dimensional deformation in rolling by the finite-element method, Int. J. Mech. Sci., **26**, 9/10, pp.515〜525 (1984)

8) K. Mori and K. Osakada : FEM simulator with mesh generator for shape rolling, Trans. NAMRI/SME, **21**, pp.9〜15 (1993)

9) 岡田達夫, 寺本一彦, 吉田総仁：領域分割法を用いた剛塑性 FEM による大規模塑性加工問題の解析, 平成11年度塑性加工春季講演会講演論文集, pp.253〜254（1999）

10) 吉村英徳, 森謙一郎, 小坂田宏造：対角マトリックスを用いた3次元剛塑性有限要素法, 塑性と加工, **40**, 464, pp.885〜889（1999）

3章

1) Y.C. ファン（大橋義夫, 村上澄男, 神谷紀生 共訳）：固体の力学/理論, 培風館（1970）

2) J.C. Nagtegaal and J.E. de Jong : Some aspects of anisotropic work hardening in finite strain plasticity, Proc. Worksop on Plasticity of Metals at Finite Strain, Div. Appl. Mech., pp.65〜102, Stanford Univ. (1982)

3) A.E. Green and P.M. Naghdi : Rate-type constitutive equations and elastic-plastic materials, Int. J. Eng. Sci., **11**, pp.725〜734 (1973)

4) E.H. Lee, R.L. Mallett and T.B. Wertheimer : Stress analysis for anisotropic hardening in finite-deformation plasticity, Trans. ASME, J. Appl. Mech., **50**, pp.554-560 (1983)
5) E.H. Lee : Elastic-plastic deformation of finite strains, Trans. ASME, J. Appl. Mech, **36**, pp.1〜6 (1969)
6) Y. Yamada, N. Yoshimura and T. Sakurai : Plastic stress-strain matrix and its application for the solution of elastic-plastic problems by the finite element method, Int. J. Mech. Sci., **10**, pp.343〜354 (1968)
7) P.V. Marcal and I.P. King : Elastic-plastic analysis of two-dimensional stress systems by the Finite Element Method, Int. J. Mech. Sci., **9**, 3, pp.143〜155 (1967)
8) 横内康人, 石井　明：接線剛性法の誤差評価とそれに基づく荷重増分制御, 機械学会論文集A編, **47**, 421, pp.972〜979 (1980)
9) H. Matthies and G. Strang : The solution of nonlinear finite element equations, Int. J. Num. Meth. Eng., **14**, pp.1613〜1626 (1979)
10) M.A. Crisfield : A faster modified Newton-Raphson iteration, Comp. Meth. Appl. Mech. Eng., **20**, pp.267〜278 (1979)
11) R.D. Krieg and D.B. Krieg : Accuracies of numerical solutions for the elastic-perfectly plastic model, Trans ASME, J. Press. Vessel Technol., **99**, pp.510〜515 (1977)
12) H.L. Schreyer, R.F. Kulak and J.M. Kramer : Accurate numerical solutions for elasto-plastic models, Trans. ASME, J. Press. Vessel Technol., **101**, 3, pp.226〜234 (1979)
13) J.C. Simo and R.L. Taylor : Consistent tangent operators for rate-independent elastoplasticity, Comp. Meth. Appl. Mech. Eng., **48**, pp.101〜118 (1985)

4章
1) 瀧澤　堅, 牧野内昭武：静的陽解法FEMにおける変形体同志の接触, 塑性と加工, **39**, 444, pp.87〜92 (1998)
2) A. Santos and A. Makinouchi : Contact strategies to deal with different tool descriptions in static explicit FEM for 3-D sheet metal forming simulation, J. Mater. Proc. Tech., **50**, pp.277〜291 (1995)
3) 小坂田宏造, ホセ・エチェベリア, 岡田達夫：3次元有限要素シミュレーションにおける鍛造工具のソリッドモデル表現, 第43回塑性加工連合講演会論文

集, pp.261〜264 (1992)
4) 例えば, D.J. Benson and J.O. Hallquist : A single surface contact algorithm for the post-buckling analysis of shell structures, Comput. Meth. Appl. Mech. Eng., **78**, pp.141〜163 (1990)
5) 清水 透, 佐野利男：ペナルティ法による工具との接触・摩擦の取扱手法とスプライン曲線による工具表現—ペナルティ法による接触取扱手法の剛塑性FEMへの適用Ⅰ, 塑性と加工, **37**, 421, pp.225〜229 (1996)
6) 瀬口靖幸, 進藤明夫, 春原正明：工具摩擦におけるすべり法則と圧縮加工への応用, 塑性と加工, **14**, 153, pp.796〜805 (1973)
7) J.-H. Cheng and N. Kikuchi : An Incremental Constitutive Relation of Unilateral Contact Friction for Large Deformation Analysis, J. Appl. Mech., **52**, pp.639〜648 (1985)
8) 橋本浩二：塑性加工FEMシミュレーションにおける摩擦の取り扱い, 塑性と加工, **37**, 421, pp.127〜133 (1996)
9) K. Mori and K. Osakada : Finite element simulation of three-dimensional deformation in shape rolling, Int. J. Numer. Meth. Eng., **30**, 8, pp.1431〜1440 (1990)
10) D. Peric and D.R.J. Owen : Computational model for 3-D contact problems with friction based on the penalty method, Int. J. Num. Meth. Eng., **35**, pp. 1289〜1309 (1992)

5章
1) S.I. Oh, C.C. Chen and K. Kobayashi : Ductile fracture in axisymmetric extrusion and drawing, Part 2 Workability in extrusion and drawing, Trans. ASME, J. Engineering for Industry, **101**, 1, pp.36〜44 (1979)
2) K. Mori, K. Osakada and T. Oda : Simulation of plane-strain rolling by the rigid-plastic finite element method, Int. J. Mech. Sci., **24**, 9, pp.519〜527 (1982)
3) R.I. Tanner, R.E. Nickell and R.W. Bilger : Finite element method for the solution of some incompressible non-Newtonian fluid mechanics problems with free surface, Comp. Meth. Appl. Mech. and Eng., **6**, pp.155〜174 (1975)
4) O.C. Zienkiewicz, P.C. Jain and E. Onate : Flow of solids during forming and extrusion : Some aspects of numerical solutions, Int. J. Solids Structure, **14**, pp.15〜38 (1978)
5) J.B. Dalin and J.L. Chenot : Finite element computation of bulging in continu-

ously cast steel with a viscoplastic model, Int. J. Num. Meth. in Eng., **25**, pp. 147〜163 (1988)
6) O.C. Zienkiewicz : Numerical Analysis of Forming Processes (J.F.T. Pittman et al. eds.), pp.1〜44, John Wiley & Sons (1984)
7) S. Toyoshima and M. Gotoh : Improvement of streamline integration in steady state flow analysis of two-dimensional and axisymmetric forming processes, Simulation of Materials Processing : Theory, Methods and Applications (K. Mori ed.), pp.115〜120, Balkema (2001)
8) S. Toyoshima and M. Gotoh : Finite Element Model Satisfying Zero Volume Flow Rate Leaking from the Surface of Stream-Tube in 3-Dimensional Steady State Analyses, Key Engineering Materials, **233〜236**, pp.749〜754 (2003)

6章

1) J. Tompson : Numerical Grid Generation, Foundation and Applications, Elsevier (1985)
2) P.L. George : Automatic mesh generation—Application to Finite Element Methods—, John Wiley & Sons (1991)
3) B.K. Soni : Grid generation : Past, present, and future, Applied Numer. Math., **32**, pp.361〜369 (2000)
4) S.A. Canann, S. Sunil and S.J. Owen eds. : Special Edition on Unstructured Mesh Generation, Int. J. Numer. Meth. Eng, **1**, 49 (2000)
5) K. Shimada ed. : The 8th International Meshing Roundtable Special Issue : Advances in Mesh Generation, Computer Aided Design, **33**, 3 (2001)
6) S.J. Owen : A Survey of Unstructured Mesh Generation Technology, Proc. 7th International Meshing Roundtable, pp.239〜267 (1998)
7) M.A. Yerry and M.S. Shephard : A Modified Quadtree Approach to Finite Element Mesh Generation, IEEE Computer Graphics and Application, Jan./Feb., pp.39〜46 (1983)
8) R. Perucchio, M. Saxena and A. Kela : Automatic mesh generation from solid models based on recursive spatial decompositions, Int. J. Numer. Meth. Eng., **28**, pp.2469〜2501 (1986)
9) Nguyen-Van-Phai : Automatic Mesh Generation with Tetrahedron Element, Int. J. Numer. Meth. Eng., 18, pp.273〜289 (1982)

10) P.L. George and E. Seveno : The Advancing-Front Mesh Generation Method Revisited, Int. J. Numer. Meth. Eng., **37**, pp.3605〜3619 (1994)
11) D.F. Watson : Computing the n-dimensional tessellation with application to Voronoi polytopes, Comput. J., **2**, 24, pp.167〜172 (1981)
12) S.W. Sloan : A Fast Algorithm for Generating Constrained Delaunay Triangulations in the plane, Advances in Engineering Software, **9**, 1, pp.34〜35 (1987)
13) 谷口健男：FEMのための要素自動分割―デローニー三角分割法の利用―，森北出版（1992）
14) A. Bowyer : Computing Dirichlet Tessellations, Comput. J., **2**, 24, pp.162〜166 (1981)
15) C.K. Lee and S.H. Lo : A New Scheme for the Generation of a Graded Quadrilateral Mesh, Comput. Struct., **52**, pp.847〜857 (1994)
16) S.J. Owen, M.L. Staten, S.A. Canann and S. Saigal : Advancing Front Quad Meshing Using Local Triangle Transformations, Proc. 7th Int. Meshing Roundtable,. pp.409〜428 (1998)
17) K. Mori and K. Osakada : FEM simulator with mesh generator for shape rolling, Trans. NAMRI/SME, **21**, pp.9〜15 (1993)
18) C. Karadogan and A.E. Tekkaya : Geometry defeaturing and surface relaxation algorithms for all-hexahedral remeshing, Simulation of Materials Processing : Theory, Methods and Applications (K. Mori ed.), Balkema, pp. 161〜166 (2001)
19) S.B. Petersen, J.M.C. Rodrigues and P.A.F. Martins : Automatic generation of quadrilateral meshes for the finite element analysis of metal forming processes, Finite Elements in Analysis And Design, 35, pp.157〜168 (2000)
20) P.L. Baehmann, S.L. Wittchen, M.S. Shephard, K.R. Grice and M.A. Yerry : Robust Geometrically-based, Automatic Two-Dimensional Mesh Generation, Int. J. Numser. Meth. Eng., **24**, pp.1043〜1078 (1987)
21) T.K.H. Tam and C.G. Armstrong : 2D Finite Element Mesh Generation by Medial Axis Subdivision, Advances in Engineering Software, 13, pp.313〜324 (1991)
22) J.Z. Zhu, O.C. Zienkievicz, E. Hinton and J. Wo : A New Approach to the Development of Automatic Quadrilateral Mesh Generation, Int. J. Numer. Meth. Eng., **32**, pp.849〜866 (1991)

23) R. Schneiders and R. Bunten : Automatic Generation of Hexahedral Finite Element Meshes, Computer Aided Geometric Design, **12**, pp.693〜707 (1995)
24) O.C. Zienkiewicz and G.C. Huang : Adaptive modelling of transient coupled metal forming processes, NUMIFORM 89, pp.3〜10 (1989)
25) N. Yukawa, N. Kikuchi and A. Tezuka : An Adaptive Remeshing Method for Analysis of Metal Forming Processes, Advanced Technology of Plasticity 1990, Vol.4, pp.1719〜1728 (1990)
26) J.A. Bennet and M.E. Botkin : Structural shape optimization with geometric problem description and adaptive mesh refinement, AIAA J., **23**, 3, pp.458〜464 (1985)
27) O.C. Zienkiewicz and J.Z. Zhu : Error Estimates and Adaptive Refinement for Plate Bending Problems, Int. J. Numer. Methods Eng., **28**, pp.2839〜2853 (1989)
28) 手塚 明：アダプティブ法による有限要素自動分割（第2報，グローバルな要素細分化法によるh法），日本機械学会論文集A, **57**, 534, pp.436〜441 (1991)
29) 湯川伸樹, 犬飼佳彦, 吉田佳典, 石川孝司, 神馬 敬：打抜き加工の有限要素解析, 塑性と加工, **39**, 454, pp.1129〜1133 (1998)

7章

1) G.D. Lahoti, S.N. Shah and T. Altan : Computer-aided analysis of the deformations and temperatures in strip rolling, Trans. ASME, J. Eng. Ind., **100**, 2, pp.159〜166 (1978)
2) 麻田祐一, 森謙一郎, 吉川勝幸, 小坂田宏造： 有限要素法による線と管の引抜きにおける温度分布の解析, 塑性と加工, **22**, 244, pp.488〜494 (1981)

8章

1) Special Issue ISIJ International, **32**, 3 (1992)
2) 日本鉄鋼協会：変形特性の予測と制御部会報告書（1994）
3) C.M. Sellars and J.A. Whiteman : Recrystallization and Grain Growth in Hot Rolling, Met. Sci. March-April, pp.187〜194 (1979)
4) 矢田 浩：鋼の熱間圧延工程での材質の予測制御, 塑性と加工, **28**, 316, pp.413〜422 (1987)
5) 王 哲, 李 延全, 河野 亮, 湯川伸樹, 石川孝司：バナジウム非調質鋼の

熱間鍛造における結晶粒径の予測，塑性と加工，**40**，460，pp.490〜494 (1999)
6) 王　哲，河野　亮，湯川伸樹，石川孝司：フェライト・パーライト組織と硬さの予測—バナジウム非調質鋼の熱間鍛造における材質予測II—，塑性と加工，**40**，465，pp.992〜996 (1999)
7) 石川孝司：鍛造における材質予測と制御，電気製鋼，**3**，663，pp.186〜192 (1995)
8) 吉野雅彦，白樫高洋：鍛造における材質予測，塑性と加工，**33**，382，pp.1285〜1291 (1992)
9) 品川一成：鉄鋼材料の組織・材質予測と塑性加工シミュレーション，塑性と加工，**35**，405，pp.1169〜1174 (1994)
10) 吉田広明，五十川幸宏，石川孝司：鍛造用フェライト・パーライト型非調質鋼の基礎特性，塑性と加工，**42**，485，pp.569〜573 (2001)
11) J. Yanagimoto, K. karhausen, A.J. Brand and R. Kopp：Trans. ASME, J. of Manu. Sci. and Eng., **2**, 120, pp.316〜321 (1998)
12) 田村今男：鋼の加工熱処理における基礎過程，鉄と鋼，**74**，1，pp.18〜35 (1988)
13) 牧　正志：鉄鋼の組織制御の現状と将来の展望，鉄と鋼，**81**，11，pp.N 547〜N 555 (1995)
14) 大内千秋：厚板圧延での加工熱処理技術の進歩と材質予測モデリング，塑性と加工，**40**，467，pp.7〜12 (1999)
15) 吉田広明，五十川幸宏，金子義典，与語康宏，石川孝司：制御鍛造におけるフェライト・パーライト型非調質鋼の組織予測—制御鍛造におけるプロセスモデリングI—，塑性と加工，**43**，498，pp.619〜623 (2002)
16) 矢田　浩：鋼の熱間加工工程における材質制御，塑性と加工，**25**，286，pp.970〜980 (1984)
17) 加生茂寛，吉田広明，五十川幸宏，吉田佳典，湯川伸樹，石川孝司：制御鍛造における非調質鋼のF＋P組織予測のためのFEM解析，第52回塑性加工連合講演会講演論文集，p.8，9 (2001)

9章

1) 工藤英明，青井一喜：S 45 Cの据え込み割れ試験（冷間鍛造性試験の研究・その2），塑性と加工，**8**，72，pp.17〜27 (1967)
2) F.A. McClintock：A criterion for ductile fracture by growth of holes, Trans. ASME, J. Appl. Mech., **35**, pp.363〜371 (1968)

3) J.R. Rice and D.M. Tracey : On the ductile enlargement of voids in triaxial stress fields, J. Mech. Phys. Solids, **17**, pp.201〜217 (1969)
4) P.F. Thomason : J. Inst. Met., **96**, pp.360〜365 (1968)
5) 小森和武：微視的モデルを考慮したせん断加工の数値シミュレーション，塑性と加工, **40**, 466, pp.1086〜1090 (1999)
6) M.G. Cockroft and D.J. Latham : Ductility and the workability of metals, J. Inst. Metals, **96**, pp.33〜39 (1968)
7) P. Brozzo, B. DeLuca and R. Rendina : A new method for the prediction of the formability limits of metal sheets, Proc. 7th Biennial Conf. in Int. Deep Drawing Research Group (1972)
8) K. Osakada, A. Watadani and H. Sekiguchi : Ductile fracture of carbon steel under cold metal forming conditions : Tension and torsion tests under pressure, Bull. JSME, **20**, pp.1557〜1565 (1977)
9) M. Oyane, T. Sato, K. Okimoto and S. Shima : Criteria for ductile fracture and their applications, J. Mech. Work. Tech., **4**, pp.65〜81 (1980)
10) A.L. Gurson : Continuum theory of ductile rupture by void nucleation and growth, Trans. ASME, J. Eng. Mat. Tech., **99**, 1, pp.2〜15 (1977)
11) V. Tvergaard : Material Failure by Void Growth to Coalescence, Advance in Applied Mechanics, **27**, pp.83〜151 (1983)
12) A.G. Argon, J. Im and R. Safoglu : Cabity formation from inclusions in ductile fracture, Met. Trans., 6A, pp.825〜837 (1975)
13) S.H. Goods and L.M. Brown : The nucleation of cavities by plastic deformation, Acta Metall., **27**, pp.1〜15 (1979)
14) Needleman and J.R. Rice : Limits to ductility set by plastic flow localization, Mechanics of Sheet Metal Forming (D.P. Koistinen et al. eds.), Plenum Publishing, pp.237〜267 (1978)
15) V. Tvergaard : Material Failure by Void Growth to Coalescence, Advances in Applied Mechanics, **27**, pp.83〜151 (1989)
16) V. Tvergarrd and A. Needleman : Analysis of the fracture in a round tensile bar, Acta Metal, **32**, 1, pp.157〜169 (1984)
17) 冷間鍛造分科会材料研究班：冷間据込み性試験方法，塑性と加工, **22**, 241, pp.139〜144 (1981)
18) P.W. Bridgman : The stress distribution at the neck of a tension specimen, Trans Am. Soc. Metal, **32**, pp.553〜574 (1944)

19) 小森和武：引抜き加工時のシェブロンクラックの数値シミュレーション，塑性と加工, **37**, 426, pp.755〜760 (1996)
20) H. Kim, M. Yamanaka and T. Altan : Prediction and Elimination of Ductile Fracture in Cold Forging Using FEM Simulations, Proc. NAMRC 1995, Society of Manufacturing Engineers, Houghton, p.63 (1995)
21) Y. Yoshida, N. Yukawa and T. Ishikawa : Deformation analysis of the shearing process considering the fracture, Simulation of Materials Processing : Theory, Methods and Applications (K. Mori ed.), pp.959〜964 (2001)
22) 石川孝司，高柳　聡，吉田佳典，湯川伸樹，伊藤克浩，池田　実：冷間多段押出し成形における内部欠陥の予測，塑性と加工, **42**, 488, pp.949〜953 (2001), 465, pp.992〜996 (1999)
23) 富田佳宏：数値断塑性力学　有限要素シミュレーション―基礎と応用, pp.76〜83, 養賢堂 (1990)

10章

1) 加藤　隆，赤井正司，戸澤康壽：冷間すえ込み加工に対する温度解析，塑性と加工, **28**, 319, pp.791〜798 (1987)
2) 湯川伸樹，石川孝司，難波広一郎：アダプティブ・リメッシング法の変形・温度連成剛塑性FEM解析への適用，塑性と加工, **36**, 410, pp.248〜253 (1995)
3) 吉村英徳，森謙一郎，小坂田宏造：対角マトリックスを用いた3次元剛塑性有限要素法，塑性と加工, **40**, 464, pp.885〜889 (1999)
4) K. Mori, K. Osakada and S. Kadohata : Finite element simulation of three-dimensional buckling in upsetting and heading of cylindrical billet, Advanced Technology of Plasticity 1993, **2**, pp.1047〜1052 (1993)
5) 河部　徹，加藤　隆，徳光偉央，和田智之：連続繰返し前後方押出し加工時の変形熱による寸法変動解析，塑性と加工, **36**, 412, pp.511〜516 (1995)
6) T. Ishikawa, N. Yukawa, Y. Yoshida, H. Kim and Y. Tozawa : Prediction of dimensional difference of product from tool in cold backward extrusion, **49**, 1, CIRP Ann., pp.169〜172 (2000)

11章

1) K. Mori, K. Osakada and M. Fukuda : Simulation of severe plastic deformation by finite element method with spatially fixed elements, Int. J. Mech. Sci., **25**, 11, pp.775〜783 (1983)

2) N. Yukawa, Y. Yoshida, T. Kobayashi and T. Ishikawa : Influence of eccentricity of punch on metal flow in backward extrusion, Simulation of Materials Processing : Theory, Methods and Applications (K. Mori ed.), pp.661～666, Balkema (2001)
3) K. Mori, K. Osakada and H. Yamaguchi : Prediction of curvature of an extruded bar with non-circular cross-section by a 3-D rigid-plastic finite element method, Int. J. Mech. Sci., **35**, 10, pp.879～887 (1993)
4) 石川孝司，高柳 聡，吉田佳典，湯川伸樹，伊藤克浩，池田 実：冷間多段押出し成形における内部欠陥の予測，塑性と加工，**42**，488，pp.949～953（2001）
5) M.G. Cockcroft and D.J. Latham : Ductility and workability of metals, J. Inst. Metals, 96, pp.33～39 (1968)
6) S. Toyoshima : A FEM simulation of densification in forming processes for semi-solid materials, Proc. 3rd Int. Conf. Processing of Semi-Solid Alloys and Composites, pp.47～62 (1994)
7) M. Ayada, T. Higashino and K. Mori : Central bursting in extrusion of inhomogeneous materials, Proc. 2nd Int. Conf. Tech. Plasticity, Stuttgart, **1**, pp.553～558 (1987)
8) 小森和武：引抜き加工時のシェブロンクラックの数値シミュレーション，塑性と加工，**37**，426，pp.755～760（1996）
9) 麻田祐一，森謙一郎，吉川勝幸，小坂田宏造：有限要素法による線と管の引抜きにおける温度分布の解析，塑性と加工，**22**，244，pp.488～494（1981）

12章

1) K. Mori, K. Osakada and T. Oda : Simulation of plane-strain rolling by the rigid-plastic finite element method, Int. J. Mech. Sci., **24**, 9, pp.519～527 (1982)
2) 石川孝司，湯川伸樹，吉田佳典，殿畑雄飛：板圧延における表面疵の変形解析，材料とプロセス，**15**，5，p.1005（2002）
3) 森謙一郎，小坂田宏造：孔形圧延における三次元塑性変形の有限要素シミュレーション（第1報，定常変形の完全三次元シミュレーション），日本機械学会論文集A編，**56**，525，pp.1288～1294（1990）
4) K. Mori and K. Osakada : FEM simulator with mesh generator for shape rolling, Trans. NAMRI/SME, **21**, pp.9～15 (1993)
5) 吉村英徳，小坂田宏造，森謙一郎：剛塑性有限要素法による穿孔圧延の近似3次元シミュレーション，日本機械学会論文集A編，**64**，622，pp.1515～

1520 (1998)
6) 森謙一郎, 三原 豊, 曽谷保博, 秋田真次：管材のレデューサにおける内面角張りに及ぼす圧延条件の影響, 塑性と加工, **32**, 369, pp.1262〜1267 (1991)
7) I. Takahashi, H. Nagakura and K. Mori : Development of strip crown simulator considering three dimensional deformation in aluminum hot rolling, Proc. 7th Int. Aluminum Sheet & Plate Conf., Nashville, **2**, pp.275〜299 (1992)
8) K. Mori and N. Hiramatsu : Simplified three-dimensional simulation of ring rolling with grooved rolls by rigid-plastic finite element method using generalized plane-strain modeling, Trans. NAMRI/SME, **29**, pp.3〜8 (2001)
9) M. Shiomi, K. Mori and K. Osakada : Finite element and physical simulations of non-steady-state metal flow and temperature distribution in twin roll strip casting, Modelling of Casting, Welding and Advanced Solidification Processes VII, (M. Cross et al. ed.), pp.793〜800, TMS (1995)

13章

1) 島 進, 井上隆雄, 大矢根守哉, 沖本邦郎：金属粉末の圧縮成形に関する研究（第2報）, 粉体粉末冶金, **22**, 8, pp.257〜263 (1976)
2) S. Shima and K. Mimura : Densification behaviour of ceramic powder, Int. J. Mech. Sci., **28**, 1, pp.53〜59 (1986)
3) 森謙一郎, 小坂田宏造, 米田辰雄, 平野俊明：有限要素法による焼結後のセラミック部品の形状予測, 塑性と加工, **32**, 368, pp.1136〜1141 (1991)
4) K. Mori : Finite element simulation of nonuniform shrinkage in sintering of ceramic powder compact, Numerical Methods in Industrial Forming Processes NUMIFORM 92 (J.-L. Chenot et al. ed.), pp.69〜78, Balkema (1992)
5) 森謙一郎, 佐藤芳樹, 塩見誠規, 小坂田宏造：有限要素シミュレーションを用いた多段圧粉成形の弾性回復による割れ発生の予測, 日本機械学会論文集C編, **64**, 628, pp.4869〜4875 (1998)
6) K. Mori and K. Osakada : Application of finite deformation theory in rigid-plastic finite element simulation, Proc. 3rd Int. Conf. Tech. Plasticity, Kyoto, **2**, pp.877〜882 (1990)
7) 森謙一郎, 島 進, 小坂田宏造：剛塑性有限要素法による多孔質金属の塑性加工の解析, 日本機械学会論文集A編, **45**, 396, pp.955〜964 (1979)
8) K. Mori and K. Osakada : Analysis of the forming process of sintered powder metals by rigid-plastic finite-element method, Int. J. Mech. Sci., **29**, 4, pp.229

〜238 (1987)
9) 森謙一郎, 宮崎雅英, 小坂田宏造:セラミックス圧粉体の焼結における割れ発生の予測, 日本機械学会論文集 C 編, **62**, 595, pp.1176〜1181 (1996)
10) K. Mori and K. Osakada: Finite element simulation of jetting behaviour in metal injection molding using remeshing scheme, Finite Elements in Analysis and Design, **25**, pp.319〜330 (1997)
11) 森謙一郎:各種先端加工プロセスへの剛塑性有限要素法の適用, 塑性と加工, **34**, 394, pp.1207〜1212 (1993)
12) K. Mori, M. Shiomi and K. Osakada: Inclusion of microscopic rotation of powder particles during compaction in finite element method using Cosserat continuum theory, Int. J. Numer. Meth. Eng., **42**, 8, pp.847〜856 (1998)
13) 小寺秀俊, 澤田宗生, 島 進:磁気コセラ連続体理論による磁性粉体の磁場中成形時の粒子配向と圧粉方法に関する研究, 粉体粉末冶金, **45**, 9, pp.859〜865 (1998)
14) 森謙一郎, 久次米竜太, 小坂田宏造:有限要素法を用いた圧粉成形の粒子系解析法, 日本機械学会論文集 A 編, **65**, 639, pp.2224〜2229 (1999)
15) K. Mori, H. Matsubara and M. Umeda: Finite element simulation of sintering of powder compact using shrinkage curve obtained by Monte Carlo method, Simulation of Materials Processing: Theory, Methods and Applications (K. Mori ed.), pp.239〜244, Balkema (2001)

14 章
1) 日本塑性加工学会編:鍛造(塑性加工技術シリーズ 4), p.157〜164, コロナ社 (1995)

索　　引

【あ】
アダプティブリメッシング
　法　　91
圧　延　　67
圧延加工　　156
圧縮特性法　　17
圧粉成形　　166
アドバンシングフロント法
　　80
アンストラクチャード
　メッシュ　　79

【い】
一般化平面ひずみ近似　　26

【え】
延性破壊　　119
延性破壊条件　　120

【お】
オイラー型記述　　88
応力三軸度　　126
押出し　　67

【か】
ガウスの1点積分　　74
ガウスの4点積分　　74
仮想仕事の原理　　14
ガラーキン法　　102
完全積分　　74

【き】
基準配置　　32
客観性のある応力速度　　36

【きょう】
境界要素法　　2

【く】
空孔体積率　　122
繰返し計算　　67
グリッドベースアプローチ
　　87
クーロン摩擦　　60

【け】
形状関数　　71
現在配置　　32

【こ】
硬化係数　　40
剛塑性FEM　　3
剛塑性体　　4
高張力鋼板　　105
誤差測度　　94
固　着　　61

【さ】
再分割　　67
差分法　　2
三次元問題　　72

【し】
シェブロンクラック　　130
四角形アイソパラメトリッ
　ク二次元要素　　70
軸対称問題　　70
自動メッシュジェネレータ
　　78
四分木・八分木法　　80
上界法　　2

焼　結　　166

【す】
垂直応力　　8
数値積分　　69
ストラクチャードメッシュ
　　79
ストレッチングテンソル　　33
すべり　　61
すべり線場法　　2
スラブ法　　2, 135

【せ】
制御鍛造　　112
静水圧応力　　9
静的陰解法　　40
静的陽解法　　40
積分法　　67
せん断応力　　8

【そ】
相対すべり速度　　57
相当応力　　10
相当ひずみ　　12
相当ひずみ速度　　11
速度こう配テンソル　　33
塑性ポテンシャル　　12

【た】
第1種 Piola-Kirchhoff
　応力　　35
対角マトリックス　　29
体積一定条件　　12
大変形理論　　3
弾塑性FEM　　3

弾塑性体	4	微小時間増分	67	**【ゆ】**	
【ち】		微小変形	31	有限変形	31
中立点	61	微小変形理論	3	有限要素法	2
超微細粒鋼	105	非定常解析法	67	**【よ】**	
【て】		非変形域	24	陽解法	101
低減積分	74	**【ふ】**		横弾性係数	38
定常解析法	67	フォールディング	56, 135	**【ら】**	
定常状態	67	プラントル・ロイスの式	38	ラグランジュ型記述	88
定常変形	148	**【へ】**		ラグランジュ乗数法	16
適応の条件	48	平均垂直応力	121	**【り】**	
【に】		平面ひずみ	70	リゾーニング	96
ニアネットシェイプ成形	145	並列計算	28	リメッシング	79
【ね】		ペナルティ法	21	流線法	67
熱伝導 FEM	99	変位増分	67	流　量	70
ネットシェイプ	105	変形こう配テンソル	32	リング圧縮試験	187
ネットシェイプ成形	145	変形抵抗	182	**【れ】**	
【は】		偏差応力	9	レビー・ミーゼスの式	11
破壊パラメータ	124	変分原理	102	連続体スピンテンソル	33
バルク加工	1	**【ほ】**		**【ろ】**	
バンドマトリックス	18	ボイド	120	六面体アイソパラメトリック三次元要素	72
【ひ】		**【ま】**			
非圧縮性	68	摩　擦	182		
		摩擦係数	61		
		摩擦せん断	60		

【A】		**【D】**		**【R】**	
ALE 法	90	Delauney 条件	85	radial return 法	52
【B】		Delauney 法	80	r-min 法	46
BEM	2	**【F】**		**【T】**	
【C】		FDM	2	TMCP	105
CAD	6	FEM	2	total Lagrange 形式	41
CAE	1	**【J】**		**【U】**	
		Jaumann 速度	36	updated Lagrange 形式	41

静的解法 FEM―バルク加工
Static FEM―Bulk Forming

© 社団法人　日本塑性加工学会 2003

2003 年 11 月 28 日　初版第 1 刷発行

| 検印省略 | 編　者 | 社団法人　日本塑性加工学会 東京都港区芝大門 1-3-11 Y・S・K ビル 4F |

発行者　株式会社　コロナ社
代表者　牛来辰巳
印刷所　壮光舎印刷株式会社

112-0011　東京都文京区千石 4-46-10
発行所　株式会社　コロナ社
CORONA PUBLISHING CO., LTD.
Tokyo　Japan
振替 00140-8-14844・電話 (03) 3941-3131 (代)
ホームページ http://www.coronasha.co.jp

ISBN 4-339-04502-0　　（金）　（製本：グリーン）
Printed in Japan

無断複写・転載を禁ずる
落丁・乱丁本はお取替えいたします

加工プロセスシミュレーションシリーズ

(各巻A5判)

■(社)日本塑性加工学会編

配本順		(執筆者代表)	頁	本体価格
1.	静的解法FEM—板成形	牧野内 昭武		
2.(1回)	静的解法FEM—バルク加工	森 謙一郎	232	3700円
3.	動的陽解法FEM—3次元成形	大下 文則		
4.	流動解析—プラスチック成形	中野 亮		

計算工学シリーズ

(各巻A5判)

配本順			頁	本体価格
1.	一般逆行列と構造工学への応用	半谷裕彦・川口健二 共著		
2.(2回)	非線形構造モデルの動的応答と安定性	藤井・瀧・萩原・本間・三井 共著	192	2400円
3.	固体・構造の分岐力学	半谷・池田・大崎・藤井 共著		
4.(3回)	発見的最適化手法による構造のフォルムとシステム	三井・大崎・大森・田川・本間 共著		近刊
5.(1回)	ボット・ダフィン逆行列とその応用	半谷裕彦・佐藤健・青木孝義 共著	156	2000円

定価は本体価格+税です。
定価は変更されることがありますのでご了承下さい。

図書目録進呈◆